Atulkumar P. Prajapati
Jayesh J. Patel

Biodiversidade de insectos e ácaros em sistemas de agricultura biológica

Atulkumar P. Prajapati
Jayesh J. Patel

Biodiversidade de insectos e ácaros em sistemas de agricultura biológica

Em sistemas de agricultura biológica de cabaça [lagenaria siceraria (molina) standley]

ScienciaScripts

Imprint

Cover image: www.ingimage.com

This book is a translation from the original published under ISBN 978-620-7-45443-3.

Publisher:
Sciencia Scripts
is a trademark of
Dodo Books Indian Ocean Ltd. and OmniScriptum S.R.L publishing group

120 High Road, East Finchley, London, N2 9ED, United Kingdom
Str. Armeneasca 28/1, office 1, Chisinau MD-2012, Republic of Moldova, Europe
Printed at: see last page
ISBN: 978-620-7-78355-7

Conteúdo

RESUMO

Foram realizadas investigações sobre a biodiversidade de insectos e ácaros em sistemas de agricultura biológica de cabaça de garrafa [*Lagenaria siceraria* (Molina) Standley] na Unidade de Agricultura Biológica Certificada, ACHF, Navsari Agricultural University, Navsari durante 2020 e 2021.

Foi feito um inventário de 42 espécies de diferentes insectos e ácaros para a cultura biológica da cabaça. Um total de 42 espécies de insectos e ácaros pertencentes a 35 famílias das 12 ordens *viz* . Hemiptera, Dermeptera, Mantodea, Odonata, Orthoptera, Coleoptera, Diptera, Hymenoptera, Lepidoptera, Neuroptera, Acarina e Araneae foram observados na cabaça de garrafa. Os insectos da ordem Hemiptera foram observados como o grupo dominante com 11 espécies e 10 famílias que contribuíram para

27,5 por cento. A população de ácaros também foi observada em sistemas de agricultura biológica durante todo o período de estudo. Foi observado um total de 5093 insetos e ácaros da cultura de cabaça de garrafa durante o verão de 2020 e 2021. As ordens Hemiptera (36,66 %) e Coleoptera (32,32 %) foram relativamente mais abundantes na exploração biológica em comparação com outras ordens. Entre os hemípteros, *Aphis gossypii* Glover foi considerado o mais abundante, com 9,28 % de abundância, seguido de *Nesidiocoris* spp. com 10,72 % de abundância, e entre os coleópteros, *Aulacophora foveicollis* Lucas foi o mais abundante, com 17,00 % de abundância, tendo sido considerado uma espécie muito comum. O índice de diversidade de Shannon, a riqueza de espécies e a equidade de espécies de insectos e ácaros de culturas orgânicas de cabaça foram registados como 2,94, 10,57 e 0,80, respetivamente.
Relativamente à distribuição mensal em condições de agricultura biológica, a distribuição mais elevada (41,16%) de insectos e ácaros foi observada em abril, seguida de (41,10%) em março e a mais baixa (17,74%) em maio.

Foi documentado e identificado o catálogo fotográfico de 42 espécies de insectos e ácaros na cabaça biológica. Na presente investigação, foram identificadas 42 espécies de diferentes espécies, como a mosca da fruta [*Bactrocera cucurbitae* Coq.], o escaravelho vermelho da abóbora [*Aulacophora foveicollis* (Lucas)], o escaravelho preto da abóbora [*Aulacophora intermedia* (Jacoby)], a serpentina americana [*Liriomyza trifolii* (Burgess)], a traça da cabaça [*Sphenarches anisodactylus* (Walker)], os afídeos [*Aphis* spp.], percevejos [*Nesidiocoris tenuis* Reut.], *Bemisia tabaci* Gennadius, *Riptortis pedestris* Fabricius, *Empoasca kerri* Pruthi, *Lygaeus hospes* Fabricius, *Dysdercus cingulatus* Fabricius, *Nezara virudula* Linnaeus, *Coccinella transversalis* Fabricius, *Cheilomenes sexmaculata* Fabricius, *Haptones* spp, *Apis dorsata* Fabricius, *Apis cerana indica* Fabricius, *Camponotus compressus* Fabricius, *Ichneumonidae* spp, *Megachile* (*Eutricharaea*) *hera* Bingham, *Xylocopa fenestrata* Fabricius, *Helicoverpa armigera* Hubner, *Diaphania indica* Saunders, *Spoladea recurvallis* Fabricius, *Danaus chrysippus* Linnaeus, *Eurema hecabe* Linnaeus, *Tetranychus urticae* Koch. Entre estas, o escaravelho da abóbora, a mosca da fruta e a serpentina americana foram as principais pragas, causando perdas substanciais todos os anos na cabaça biológica do sul de Gujarat. *Illeis cincta* Fabricius de coleópteros, *Pantala f lavescens* Fabricius , *Orthetrum sabina* Drury de Odonata, *Labidura riparia* Pallas de Dermeptera, *Mantis religiosa* Couple de Mantodea, *Atractomorpha crenulate* Fabricius , *Oecanthus indicus* Saussure, *Gryllus* spp. de Orthoptera, *Chrysoperla carnea* Stephens de Neuroptera, *Argiope anasuja* Thorell , *Oxyopes birmanicus* Thorell de Araneae enquanto *Geocoris tricolor* Fabricius , *Nesidiocoris* spp, *Coptosoma cribraria Fabricius* e *Rhynocoris fuscipes* Fabricius de Hemiptera foram registados pela primeira vez em cabaças biológicas do sul de Gujarat.

A atividade do pulgão, da cigarrinha e do escaravelho vermelho da abóbora teve início a partir de 2nd WAG (Semana após a germinação). A atividade do ácaro e da mosca branca foi observada a partir de 3rd WAG, enquanto a mosca da fruta começou a partir de 6th WAG. A população de insectos sugadores (afídeo, mosca branca, jassídeo e ácaro) foi relativamente maior durante 15th a 19th SMW (Semana Meteorológica Padrão). [2]A população de pulgões (19,00 por folha), população de mosca branca (3,44 por folha), cigarrinha (7,83 por folha), ácaro (20,24 por folha de 4 cm), besouro vermelho da abóbora (4.16 por folha), mosca da fruta (10.75 por planta) e coccinelídeos (0.79/planta) observados no pico durante 17th SMW, 16th SMW, 16th SMW, 18th SMW, 17th SMW, 19th SMW e 16th SMW, respetivamente. Entre os parâmetros meteorológicos, a temperatura, a humidade relativa e as horas de sol brilhante influenciaram a população de pragas na cabaça.

CAPÍTULO 1

INTRODUÇÃO

O termo "Biodiversidade", em que 'bio' se refere à vida e 'diversidade' à variedade de formas de vida, foi cunhado por Walter G. Rosen durante o "Fórum Nacional sobre Biodiversidade" realizado em Washington DC de 21st - 24th setembro de 1986 (Sarkar e Margules, 2002). A biodiversidade é também referida como "diversidade biológica", que significa a variabilidade entre os organismos vivos de todas as origens, incluindo, entre outros, os ecossistemas terrestres, marinhos e outros ecossistemas aquáticos e os complexos ecológicos de que fazem parte; incluindo a diversidade dentro das espécies, entre espécies e de ecossistemas (Anon., 1992).

A biodiversidade descreve a riqueza e a variedade dos organismos vivos na Terra. Abrange a variação dentro de cada espécie, bem como o número e a abundância relativa de diferentes espécies no espaço e no tempo num sistema definido (Ehrlich e Ehrlich, 1981). A biodiversidade e o controlo biológico estão também intimamente ligados. Os princípios do controlo biológico seguem de perto os princípios da biodiversidade (Laselle e Gauld, 1992). A biodiversidade pode, portanto, ser considerada a nível genético, das espécies e dos ecossistemas. De acordo com Clergue *et al.* (2005), a biodiversidade é uma questão muito complexa. Nos agroecossistemas, serve três funções básicas: genética, agrícola e ecológica. A primeira função da biodiversidade consiste em manter o património genético das espécies, em particular as ameaçadas de extinção. A segunda função, ligada à atividade agrícola, consiste em aumentar a resistência dos agro-ecossistemas às pressões abióticas e bióticas, bem como em manter o seu papel produtivo. A terceira é a função ecológica, por exemplo, a criação de habitats com diferentes espécies de flora e fauna que têm um significado específico nos agro-ecossistemas.

Existem cerca de 1,7 milhões de espécies de plantas e animais que vivem na Terra. Destas, cerca de 0,25 milhões são plantas e o resto são animais e, entre estes, quase 75% são insectos. Os insectos constituem cerca de um milhão. No entanto, muitos permanecem por identificar. Ao longo de um período evolutivo de cerca de 250 a 500 milhões de anos, adaptaram-se às diversas condições ambientais. Os insectos e os ácaros pertencem a uma das maiores subdivisões do reino animal, o filo Arthropoda, que se caracteriza pela posse de apêndices externos articulados e de um esqueleto que envolve o corpo numa armadura virtual (Chapman, 2009).

Os Arthropoda, que incluem insectos, aranhas, ácaros e os seus parentes, são sem dúvida o grupo de organismos mais bem sucedido e diversificado do planeta.

Só os insectos representam quase 55% de todas as espécies (Barrowclough, 1992). Os insectos constituem o maior grupo de organismos e estão envolvidos em vários serviços vitais do ecossistema, como a polinização, a decomposição, a herbivoria e o controlo biológico, além de contribuírem diretamente para as economias humanas através da produção de seda, lacticínios e mel (bicho-da-seda, lacticínios e abelhas). A Índia é um dos doze países com mega biodiversidade no mundo, dos quais 80% são endémicos na Índia (Murugan, 2006).

Os ecossistemas agrícolas ricos em biodiversidade possuem maior resiliência e são, portanto, capazes de recuperar mais rapidamente de stresses bióticos e abióticos como a seca, a degradação ambiental, pragas, doenças e epidemias, entre outros (Wilsey e Polley, 2002; Wittebolle *et al*, 2009). No entanto, a biodiversidade dos agroecossistemas é afetada pelo método de gestão agrícola e pelo uso do solo. O chamado modelo agrícola "convencional" foi largamente adotado após a revolução verde. A sua intensificação e expansão representam uma ameaça para a biodiversidade global, porque provoca a homogeneização das paisagens agrícolas, a perda e redução de habitats e o aumento da utilização de pesticidas e fertilizantes químicos sintéticos (Bengtsson *et al.*, 2005).

Na Índia, cerca de 50% da terra total é cultivada, o que faz dos agroecossistemas o maior de todos os ecossistemas. Entre as várias culturas cultivadas nestes ecossistemas, as hortícolas são cultivadas numa área de 7,49 milhões de hectares. A Índia é o segundo maior produtor de produtos hortícolas do mundo, a seguir à China, produzindo anualmente cerca de 11,60 milhões de toneladas de produtos hortícolas. A Índia é o centro de origem de muitos produtos hortícolas e, entre todos os produtos hortícolas, as cucurbitáceas são amplamente cultivadas nos vários estados da Índia. A família Cucurbitaceae é constituída por 118 géneros e 8225 espécies. Muitas são cultivadas em todo o mundo, desde as zonas tropicais às subtemperadas. Existe uma vasta diversidade genética no seio da família e as cucurbitáceas têm potencial para serem cultivadas em terras que, de outro modo, não seriam adequadas para outras culturas. Esta caraterística tornou-as populares entre os pequenos agricultores e os agricultores marginais. (Singh *et al.,* 2007) A família das cucurbitáceas inclui muitas espécies de culturas trepadeiras com hábitos de crescimento rasteiro, como a melancia, o pepino, a cabaça amarga, a cabaça de garrafa, a cabaça de freixo, o melão almiscarado, a abóbora, *etc.* As cucurbitáceas são principalmente monóicas, produzindo flores masculinas e femininas separadamente nas mesmas plantas e os grãos de pólen são grandes e pegajosos para serem transportados pelo vento, pelo que dependem principalmente dos insectos para a polinização. Assim, para produzir frutos e sementes de qualidade, é essencial a transferência mecânica do pólen.

Os principais países produtores mundiais de cabaça [*Lagenaria siceraria* (Molina) Standley] são a Índia, o Sri Lanka, a Indonésia, a Malásia, as Filipinas, a China, Hong Kong, a África Tropical, a Colômbia e o Brasil. A Índia é o segundo maior produtor mundial de cabaça de garrafa, a seguir à China. É amplamente cultivada na Índia (U. P., Punjab, Gujarat, Assam, Rajasthan, Tamil Nadu e Karnataka). A cabaça [*L. siceraria*], também conhecida como cabacinha, é uma das mais importantes culturas hortícolas cucurbitáceas cultivadas tanto na estação das chuvas como no verão. É também conhecida como cabaça de flor branca. É originária de África e atualmente cultivada na maior parte do mundo. É designada de várias formas: *alabu* em sânscrito, *kaddu*, *lauki* e *tumri* em hindi, *sorakaya* em telugu, *shorakkai* em tâmil, *sorekayi* e *halagumbala* em kannada, *lau* em bengali e assamês e *ghiya* em punjabi (Sivaraj e Pandravada, 2005). Em Gujarat, é conhecida como *Dudhi.* Na Índia, é cultivada numa área de cerca de 155 mil hectares, com uma produção de 2573 mil toneladas (Anon., 2021)

Trata-se de uma trepadeira vigorosa, anual, que corre ou trepa, com folhas grandes e um aspeto exuberante. A videira é ramificada e trepa por meio de gavinhas ao longo do caule. As folhas da cabaça têm até 15 centímetros de largura, de forma circular, com margens lisas, alguns lóbulos largos ou com margens onduladas. As folhas têm textura devido aos pêlos finos, especialmente na superfície inferior. As flores são brancas e atractivas, com até 4 cm de diâmetro, com pétalas espalhadas. O ovário é inferior e da forma aos frutos. Os frutos têm pedúnculo longo, grandes, carnudos e aquosos, muito variáveis quanto à forma e ao tamanho, oblongo-elipsoides, com 20-70 cm de comprimento e 10-15 cm de diâmetro (Stephens, 2018).

Os frutos verdes da cabaça são consumidos como legumes e os frutos secos maduros são utilizados para fazer frascos de armazenamento, utensílios e instrumentos musicais (Dhatt e Khosa, 2015). Os 100 g de frutos de cabaça de garrafa contêm 96,1 g de água, 2,5 g de hidratos de carbono, 0,6 g de fibras, 0,5 g de minerais, 0,2 g de proteínas e 0,1 g de gorduras de partes comestíveis (Gopalan *et al*, 1989). É também utilizada como valor medicinal e utilizada como agente cardiotónico, afrodisíaco, hepatoprotector, analgésico, anti-inflamatório, expetorante, diurético e antioxidante (Dhatt e Khosa, 2015).

Estas importantes culturas de cucurbitáceas são atacadas por várias pragas e doenças, que causam uma grave redução no desenvolvimento da cultura e também no rendimento. As pragas importantes e comuns encontradas nestas culturas nesta região são a mosca da fruta [*Bactrocera cucurbitae* Coq.], o escaravelho vermelho da abóbora [*Aulacophora foveicollis* (Lucas)], o escaravelho preto da abóbora [*Aulacophora nigripennis* (Fabricius)], a lagarta da abóbora

[*Margaroria indica* (Saunders)], a serpentina americana [*Liriomyza trifolii* (Burgess)], a traça da cabaça [*Sphenarches anisodactylus* (Walker)], os afídeos [*Aphis* spp.], o escaravelho da bolha [*Zonabris postulate* Tk. Entre estes, os escaravelhos da abóbora, as moscas da fruta e a serpentina americana são pragas-chave, causando perdas substanciais todos os anos. Várias espécies de escaravelhos da abóbora, como o escaravelho vermelho da abóbora [*Aulacophora foveicollis* (Lucas)], o escaravelho preto da abóbora [*Aulacophora nigripennis* (Fabricius)] e o escaravelho cinzento da abóbora [*Aulacophora atripennis* (Fabricius)], alimentam-se de produtos hortícolas cucurbitáceos na Índia (Atwal e Dhaliwal, 2002).

A avaliação da biodiversidade faunística no agroecossistema fornece uma base para o desenvolvimento de um programa prático e económico de preservação e monitorização e também visa obter o máximo de informação sobre a distribuição das espécies componentes e os seus habitats (Kim, 1993). A informação sobre a diversidade de insectos e ácaros num determinado sistema agrícola é um pré-requisito, que ajuda a conceber uma estratégia bem sucedida de gestão de pragas. No entanto, não foram feitos esforços sistemáticos para observar a diversidade de insectos e ácaros, a sua abundância sazonal em relação a factores climáticos e estádios fenológicos das culturas em sistemas de agricultura biológica. No sul de Gujarat, não existe tal informação sobre a cabaça de garrafa.

Por conseguinte, o estudo proposto, baseado na biodiversidade de insectos em sistemas de agricultura biológica de pragas de cabaça de garrafa, foi realizado na unidade de agricultura biológica certificada, Navsari Agricultural University, Navsari, durante as épocas de verão de 2020 e 2021, em cabaça de garrafa com os seguintes objectivos.

Objectivos

1. Estudar a biodiversidade de insectos e ácaros em sistema de agricultura biológica de cabaça de garrafa
2. Preparar um inventário geral dos insectos e ácaros da cabaça de garrafa no Sul de Gujarat
3. Estudar a abundância de pragas de insectos e ácaros em relação aos factores climáticos

CAPÍTULO 2

REVISÃO DA LITERATURA

Os insectos e ácaros, em geral artrópodes, constituem o maior grupo de animais em termos de diversidade, forma, cor e especialização de habitat, o que os torna um dos grupos de animais mais gratificantes. Os artrópodes são componentes importantes dos ecossistemas, ocupando posições vitais nas teias alimentares, na dinâmica das populações e nas comunidades. Desempenham vários papéis nos ecossistemas, actuando como herbívoros, predadores, decompositores, parasitóides e polinizadores.

Uma análise da literatura revelou que não existe nenhum relato consolidado sobre a biodiversidade de insectos e ácaros, bem como sobre a abundância sazonal dos principais insectos nocivos e ácaros associados ao ecossistema da cabaça em sistemas de agricultura biológica. Por conseguinte, o trabalho realizado noutras culturas hortícolas também foi revisto. A literatura disponível sobre o presente estudo foi consultada e apresentada sob os seguintes títulos:

1. Biodiversidade de insectos e ácaros em sistema de agricultura biológica de cabaça
2. Inventário geral de insectos e ácaros da cabaça de garrafa no Sul de Gujarat
3. Abundância de pragas de insectos e ácaros em relação a factores climáticos

2.1 BIODIVERSIDADE DE INSECTOS E ÁCAROS NA AGRICULTURA BIOLÓGICA

SISTEMA DE CABAÇA DE GARRAFA

Por diversidade biológica entende-se a variabilidade entre os organismos vivos de todas as origens, incluindo, *nomeadamente,* os ecossistemas terrestres, marinhos e outros ecossistemas aquáticos e os complexos ecológicos de que fazem parte: isto inclui a diversidade dentro das espécies, entre espécies e dos ecossistemas. Atualmente, a diversidade biológica é vista como um tesouro sagrado. Whittaker (1972) definiu três níveis distintos de diversidade, que incluem a diversidade alfa ou no interior do habitat, a diversidade beta ou entre habitats (alterações ao longo do gradiente ambiental) e a diversidade gama ou diversidade paisagística em grande escala (uma combinação da diversidade alfa e beta).

Vandermeer e Perfecto (1995) reconheceram dois componentes distintos da biodiversidade nos agroecossistemas. O primeiro componente é a 'biodiversidade planeada' - associada às culturas e ao gado propositadamente incluídos nos agroecossistemas pelo agricultor. O segundo componente é a 'biodiversidade associada' de toda a flora e fauna do solo, herbívoros, carnívoros e decompositores que colonizam os agroecossistemas a partir dos ambientes circundantes. Nos campos biológicos, os agricultores cultivam culturas intercalares e de fronteira, o que constitui uma biodiversidade planeada. Estas culturas intercalares ou mistas atraem vespas, polinizadores, parasitóides e outros inimigos naturais, fornecendo sombra, néctar e pólen. Esta biodiversidade associada, os inimigos naturais e os polinizadores, ajuda no controlo das pragas e na polinização das culturas. A biodiversidade associada é conservada nos campos biológicos, evitando a utilização indiscriminada de pesticidas químicos de natureza tóxica a altamente tóxica.

Melendez *et al.* (2002) recolheram mais de 2000 espécimes de abelhas em catorze campos de abóbora, pepino, melão e melancia de cinco localidades. As unidades de amostragem consistiram em todas as abelhas recolhidas por varredura de rede num determinado campo durante 25-30 casas acumuladas em dias separados. As catorze amostras incluíam abelhas de seis famílias, 29 géneros e 50 espécies. A composição por amostra variou entre 10 e 27 espécies e a abundância entre 28 e 444 indivíduos. Sete espécies (seis géneros) de Apidae, Anthophoridae e Helictidae constituíam cerca de 80% do total dos 34 indivíduos recolhidos. No entanto, a diversidade medida indicou uma equidade intermédia a elevada na maioria das assembleias de abelhas amostradas, ou seja, apesar da abundância frequente de algumas espécies de *Augochlora, Partamona, Ceratina, Trigona ou Peponapis,* outras abelhas visitantes foram também relativamente importantes, nomeadamente em amostras pequenas. As amostras individuais de abelhas visitantes da abóbora apresentaram uma uniformidade significativamente diferente entre si e com outras culturas de cucurbitáceas.

Bengtsson *et al.* (2005) efectuaram uma meta-análise sobre explorações agrícolas biológicas versus explorações convencionais e registaram uma biodiversidade trinta por cento mais elevada nas explorações biológicas do que nas explorações convencionais. Os efeitos positivos da agricultura biológica na meta-análise foram medidos para plantas, artrópodes, escaravelhos carabídeos, outros insectos predadores e aves, mas não para artrópodes não predadores ou microrganismos do solo.

Hole *et al.* (2005) mostraram que, na maioria dos estudos, as plantas, as aves, os artrópodes predadores e não predadores tinham aumentado a abundância, a riqueza, ou ambas, nas explorações biológicas.

Letourneau e Bothwell (2008) registaram uma riqueza significativamente mais elevada de predadores e parasitóides (37 espécies), vespas parasitóides (223 indivíduos) e artrópodes predadores (97 indivíduos) em campos de vegetais biológicos.

Jadhav *et al.* (2010) em Tirupati, Andhra Pradesh, registaram vinte espécies diurnas e quatro espécies nocturnas no girassol. A riqueza de espécies é elevada em Hymenoptera, seguida de Lepidoptera e Coleoptera. Os Hymenoptera eram constituídos por duas famílias, os Lepidoptera por quatro famílias e uma família de Diptera.

Srilaxmi e Paul (2010) registaram um total de 1056 pragas pertencentes a seis ordens e dezasseis famílias de Lepidoptera, Hemiptera, Coleoptera, Homoptera e Diptera, a maioria das quais pertencentes a *H. armigera, E. atomosa, G. critica, S. obliqua, Euproctis subnotata* e *Amsecta moorei.* Os hemípteros foram representados por *Anoplocnemis* sp., *C. gibbosa, Nezara viridula, Riptrotus* sp., *Otinotus oneratus* e *Taraostigmoides* sp. Os homópteros foram representados por *Aphis carccivora,* os coleópteros por *Myllocerus undecimpustulata, Sphenoptera indica, M. pustulata e* os dípteros por *M. obtusa.*

Chitra e Soundararajan (2011) observaram um total de 127 espécies de insectos em 113 géneros, 59 famílias e 11 ordens no ecossistema vegetal. Entre as ordens de insectos, Coleoptera foi a mais diversificada (31 espécies), seguida de Hemiptera (27 espécies), Lepidoptera (19 espécies), Orthoptera (15 espécies), Hymenoptera (14 espécies), Odonata (7 espécies), Dictyoptera (6 espécies), Diptera (4 espécies), Neuroptera (2 espécies), Ephemeroptera e Isoptera (1 espécie cada).

Gnanakumar *et al.* (2012) compararam a diversidade e a riqueza de espécies de Hymenopteran parasitóides de ovos entre ecossistemas de arroz orgânico e convencional e registaram 40 espécies de parasitóides de ovos de 23 géneros pertencentes a cinco famílias (Platygastridae, Mymaridae, Encyrtidae, Eulophidaee Trichogrammatidae) em ambos os ecossistemas de arroz. Das 40 espécies, 29 pertenciam a 16 géneros da família Platygastridae. O número de espécies encontradas nos ecossistemas orgânicos e convencionais foi de 32 e 22, respetivamente. O índice de diversidade de Simpson também foi mais elevado (H= 0,978) no ecossistema orgânico em comparação com o ecossistema convencional de arroz (H= 0,878).

De acordo com Bhardwaj e Srivastava (2012), 23 insectos pertencentes a Hymenoptera (*S.*

specifica, A. mellifera, X. sexmaculatus e *Polistes* sp.), Lepidoptera (*U. pulchella, H. fascialis, P. gossypiella, M. indica* e *C. pomona, A. ipsilon, P. edusa, D. chrysippus, Hesperilla ornata.* e *V. annabela*), Diptera (*Eristalis* sp, *Tabanus* sp., *M. domestica* e *Sarcophaga bravicornis, C. pipiens* e *D. cucurbitae*), Hemiptera (*D. cingulatus*) e Odonata (*A. femina* e *P. flavescens*) visitam as flores de cabaça de garrafa, enquanto os insectos pertencentes às ordens Coleoptera, Neuroptera e Orthoptera nunca foram registados nas flores de *Lagenaria siceraria. Nezara viridula* e *Dysdercus cingulatus* foram observados em flores de *C. melo*, enquanto *Coccinella septempunctata* e *Menochilus sexmaculatus foram observados* em várias cucurbitáceas em Bikaner, Rajasthan.

Ganie *et al.* (2013) estudaram a dinâmica populacional, a distribuição e a diversidade de espécies de moscas da fruta em cucurbitáceas no vale de Caxemira, na Índia. O estudo foi efectuado em seis locais: no distrito de Srinagar, os locais foram Batmaloo, Shalimar e Dal, enquanto no distrito de Budgam os locais foram Chadoora, Narkara e Bugam (Jammu e Caxemira, Índia). Foram seleccionadas para o estudo várias culturas de cucurbitáceas, como o pepino, a cabaça de garrafa, a cabaça de crista e a cabaça amarga. Relativamente aos locais, a população de moscas da fruta foi a mais elevada (6,09, 4,55, 3,87 e 3,60 moscas/armadilha/semana) em Batamaloo e Chadoora (4,73, 3,93, 2,73 e 2,73 moscas/armadilha/semana) em pepino, cabaça de garrafa, cabaça de crista e cabaça amarga, respetivamente. A população de moscas da fruta foi significativamente correlacionada com a temperatura mínima e máxima. A diversidade máxima de espécies de moscas da fruta foi de 0,511 registada em Chadoora. A *Bactrocera cucurbitae* (Coquillett) foi a espécie mais predominante tanto em Srinagar como em Budgam, seguida da *B. dorsalis* e da *B. tau*, enquanto *a B. scutellaris* só foi encontrada em Chadoora.

Kannagil *et al.* (2013) em Theni, Tamil Nadu, relataram que o índice geral de diversidade de Shannon foi de 1,95 numa floresta decídua no sul da Índia. O índice de equidade (E1) foi elevado durante o mês de setembro, indicando uma menor variação nas comunidades entre as espécies.

Dialoke *et al.* (2013) mostraram que os Coleópteros (*Zonocerus variegatus, Aulacophora vinula* Eric) e os Lepidópteros foram as espécies de insectos principais mais dominantes na fase vegetativa da cultura plantada em abril e os Hemípteros (*Riptortus dentipes*, *N. viridula*)) foram mais graves durante as fases de floração e de vagem em abril. Durante a plantação de julho, na fase vegetativa, os Coleópteros foram as espécies de insectos dominantes, os Hymenópteros (Abelhas) foram dominantes na fase de floração, enquanto que na fase de poda, os Hemípteros (*Riptortus dentipes, Nezara viridula)* foram as espécies mais dominantes. Durante a plantação de outubro, os lepidópteros foram as espécies dominantes, enquanto que nas fases de floração e de poda, os hemípteros foram identificados como as espécies de insectos mais dominantes. Também revelaram que a população de insectos foi menor durante a plantação de julho, enquanto a plantação de abril teve as cargas de pragas mais elevadas, seguida da plantação de outubro.

Pashte e Shylesha (2013) em Bangalore registaram dezassete espécies de insectos polinizadores pertencentes a Hymenoptera, três espécies de Diptera, duas espécies de Lepidoptera, três espécies de Coleoptera e quatro espécies de Hemiptera em sesamum. Os himenópteros são constituídos por sete espécies da família Apidae, três espécies de Halictidae e Meghachilidae e duas espécies de Formicidae (incluindo
Camponotus compressus) e uma espécie da família Scoliidae. Os dípteros são constituídos pelas três espécies da família Syrphidae. Os lepidópteros são constituídos por duas espécies

da família Nymphalidae (incluindo *Danus chrysippus*). Os coleópteros são constituídos por duas espécies da família Coccinellidae (incluindo *Illeis cincta*) e uma da família Nitidulidae. Os hemípteros são constituídos por uma espécie de cada família Alydidae e Coreidae e duas espécies de Pentatomidae (incluindo *Nezara viridula*).

Zhao *et al.* (2013) registaram um número significativamente mais elevado de espécies de parasitóides e hiper-parasitóides nas paisagens complexas (26 espécies (17 parasitóides e 9 hiper-parasitóides)) em comparação com as paisagens simples (21 espécies (14 parasitóides e 7 hiper-parasitóides)).

Maria e Angela (2014) revelaram que a riqueza e a abundância de espécies eram significativamente mais elevadas nas culturas biológicas e que os insectos eram trinta e quatro por cento mais abundantes nas culturas biológicas.

Yaherwandi e Hidrayani (2014) relataram que a diversidade de espécies e a uniformidade dos parasitoides de himenópteros foram maiores nos agroecossistemas orgânicos do que nos convencionais. Eles registraram um total de 717 indivíduos de parasitoides himenópteros pertencentes a 21 famílias e 131 espécies de ambos os agroecossistemas. Destes, 533 indivíduos foram recolhidos em agroecossistemas inorgânicos, pertencentes a 20 famílias e 85 espécies. Enquanto que, nos agroecossistemas convencionais, foram recolhidos apenas 184 indivíduos, constituídos por 13 famílias e 46 espécies, o que demonstrou uma forte relação entre as culturas e a composição de himenópteros parasitóides.

Rai *et al.* (2014) observaram a incidência da cochonilha da malagueta (*Asphondylia capparis*) em partes de Tamil Nadu e Andhra Pradesh, da cochonilha da solenopsis (*Phenacoccus solenopsis*) em brinjal, tomate, quiabo e cucurbitáceas; O escaravelho de Hadda (*Henosepilachna vigitioctopunctata* e *Epilachna dodecastigma*) no feijão-frade e na cabaça amarga; a traça da pluma (*Sphenaeches caffer*) na cabaça de garrafa são alguns dos exemplos.

Singh e Chauhan (2014) efectuaram um estudo em meados das colinas de Himachal Pradesh para estudar a diversidade de ácaros em 16 culturas hortícolas e ornamentais diferentes. Durante este estudo, foi observado um total de 32 espécies em 15 géneros e sete famílias, das quais seis espécies de ácaros fitófagos pertencentes a dois géneros e duas famílias, enquanto 26 espécies de ácaros predadores pertencentes a 13 géneros e cinco famílias. Entre os ácaros fitófagos, três espécies, *nomeadamente Tetrenychus urticae* Koch, *T. Ludeni e T. Hypogeae,* foram as mais frequentemente encontradas e registadas em diferentes culturas. Entre os ácaros predadores, quatro géneros, nomeadamente *Amblyseius, Euseius, Neoseiulus e Ambly dromella,* foram os mais comuns.

O número máximo de espécies de ácaros predadores foi registado na rosa, no pepino e na couve-flor. Cinco géneros de ácaros predadores, *Paraphytoseius, Pennaceis, Typhlodromips, Typhlofdromalus* e *Lasioseius,* foram os novos registos no Estado.

Belavadi (2015), em Karnataka, registou o maior número de espécies na zona seca (20 espécies), com os valores mais elevados de riqueza de espécies (Dmg=4,12) e índice de diversidade (H'=2,49, D=0,90) de abelhas cortadeiras de folhas. A uniformidade (E=0,95) foi mais elevada na zona costeira.

Bashir *et al.* (2015) no sul de Punjab, Paquistão, registaram a maior riqueza com 114 espécies na primavera e um mínimo (33 espécies) no inverno. Os valores mais elevados do índice de Simpson (0,941) e do índice de Shannon (3,483) foram registados durante o verão, enquanto no inverno foram de 0,901 e 2,673, respetivamente, com os índices mais elevados de dominância e de equidade nos ecossistemas florestais do sul do Punjab, Paquistão.

Ovawanda *et al.* (2016) registaram uma percentagem mais elevada de predadores, parasitóides, polinizadores, detritívoros e herbívoros em campos de arroz biológico (50, 14, 1, 12 e 23).

Patra *et al.* (2016) registaram um total de 41 espécies de insectos, incluindo 11 Coleoptera, 13 Hemiptera, três Orthoptera, um Diptera, um Thysanoptera, 11 Lepidoptera e um Hymenoptera em produtos hortícolas. Também registaram inimigos naturais, incluindo oito escaravelhos coccinelídeos, uma vespa amarela, um inseto predador, dois parasitóides não identificados e algumas aranhas.

Radha *et al.* (2016) registaram uma maior população de borboletas com o Índice de Diversidade de Simpson (D) (0,13 e 0,40) e o Índice de Diversidade de Shannon-Wiener (H) (-0,16 e -0,12) para os campos convencionais e biológicos, respetivamente.

Nair *et al.* (2017) fizeram experiências sobre a composição de espécies de moscas-das-frutas Dacina (Diptera: Tephritidae: Dacinae: Dacini) associadas a cucurbitáceas em Tripura. Verificaram a incidência de moscas da fruta em diferentes culturas de cucurbitáceas durante o presente trabalho de investigação. Nove espécies de moscas da fruta Dacinae *viz, Bactrocera* (*Bactrocera*) *dorsalis* (Hendel), *Bactrocera* (*Bactrocera*) *latifrons* (Hendel), *B.* (*Hemigymnodacus*) *diversa* (Coquillett), *B.* (*Sinodacus*) *hochii* (Zia), *B.* (*Zeugodacus*) *caudata* (Fabricius), *B.* (*Zeugodacus*) *cucurbitae* (Coquillett), *B.* (*Zeugodacus*) *tau* (Walker), *B.* (*Parasinodacus*) *cilifera* (Hendel) e *Dacus* (*Callantra*) *longicornis* (Wiedemann) associados a culturas de cucurbitáceas foram registados pela primeira vez em Tripura, um estado do nordeste da Índia. *B.* (*Sinodacus*) *hochii* e *B.* (*Parasinodacus*) *cilifera* são os novos registos nacionais para a Índia. É fornecida uma breve descrição das espécies registadas e chaves taxonómicas para a identificação destas moscas da fruta.

Basak e Mandal (2018) em Nadia, Bengala Ocidental, revelaram a presença de sete espécies de insectos pertencentes a seis géneros em seis famílias de quatro ordens, nomeadamente Hymenoptera, Diptera, Lepidoptera e Coleoptera, nas cabeças das flores dos girassóis. Estas espécies incluem *Apis mellifera* L, *Apis dorsata* L, *Megachile* sp., *Musca domestica, Sarcophaga* sp., *Danaus chrysippus e Cheilomenes sexmaculata.*

Barros *et al.* (2018) coletaram um total de 56.955 insetos de 25 famílias no sistema orgânico de tomate. Registaram uma diversidade e abundância relativa (AR) de insetos significativamente maior no sistema orgânico. As médias dos índices de diversidade foram as seguintes: Para o sistema de tomate orgânico: Shannon-Wiener, 2,97; Simpson, 0,79; Dominância de Simpson, 0,19; Margalef, 5,13; e Pielou, 2,27, respetivamente.

Sheikh *et al.* (2019) estudaram a diversidade e a abundância de fungos em diferentes culturas hortícolas na Caxemira do Norte em seis locais (Wadura, Arampora, Dangiwacha, Imberzalwari do distrito de Baramulla e Chogul e Chetkak de Kupwara). Para determinar a diversidade, foram utilizados índices como o índice de diversidade das espécies, o índice de uniformidade das espécies, o índice de riqueza das espécies e a abundância relativa. Foi registado um total de nove espécies de fungos em cerca de nove culturas hortícolas. Estas espécies incluem *Empoasca decipiens, Amrasca biguttula, Empoasca fabae, Macrosteles quadrilineatus, Macrosteles sexnotatus, Gurawa minorcephala, Stirellus* spp., *Platymetopius fidelis e Ceresa* spp. *Verificou-se* uma abundância máxima de *A. biguttula* na maioria das culturas hortícolas, exceto no nabo, onde *M. quadrilineatus* foi encontrado em abundância, e a malagueta e a batata tiveram a abundância máxima de *E. decepiens*. O índice de diversidade de espécies para as culturas: beringela, batata, pepino, nabo, abóbora, malagueta e knolkhol, foi máximo em Dangiwacha. O índice de diversidade de espécies para o espinafre chinês e a hortelã foi máximo em Arampora.

Abid e Rana (2019) realizaram um trabalho sobre a diversidade e a abundância das comunidades de insectos de folhagem no campo de solo amargo no que diz respeito aos ritmos diurnos em Faisalabad, Paquistão. Foram recolhidos 211 exemplares pertencentes a nove ordens, 38 famílias, 63 géneros e 73 espécies de manhã e 213 exemplares pertencentes a oito ordens, 42 famílias, 58 géneros e 65 espécies à noite. Assim, tendo em conta a importância destes aspectos, foram efectuados cálculos de acordo com o Índice de Diversidade de Shannon. Nos campos de cabaça amarga, a diversidade máxima foi registada como (1,0533) ao fim da tarde, enquanto a menor foi registada como (1,0528) de manhã e a diversidade máxima (H'max) foi registada como (2,3284) ao fim da tarde e a menor como (2,3243) de manhã. A equidade máxima foi de (0,0229) para o fim da tarde e a mínima (0,0227) para a manhã, enquanto a dominância máxima foi de (1,0229) para o fim da tarde e a mínima (1,0227) para a manhã. O valor máximo para a riqueza foi registado como (17,1230) para o fim da tarde e o valor mínimo (17,0443) para a manhã.

No total, foram encontradas 10 espécies de insectos *polinizadores/visitantes*, nomeadamente *Apis cerana indica, Apis florea, Danaus chrysippus, Eristalis* sp., *Apis dorsata, Musca domestica, Dysdercus cingulatus, Amata passelis, Chrysomya bezziana, Coccinella septumpunctata* e *Vespa cincta,* que visitam as flores de trigo mourisco (Manhare e Painkra, 2020).

Patil e Jagdale (2021), em Ratnagiri, Maharashtra, revelaram que a ordem Lepidoptera era a mais dominante na cabaça de crista, representando 600 indivíduos com 11 espécies. A riqueza de espécies mais elevada (1,5632) e o índice de Shannon Wiener (0,0733) foram observados para os Lepidoptera e a riqueza de espécies mais baixa (0,5829) e o índice de Shannon Wiener (0,2179) foram registados para os Coleoptera.

2.2 INVENTÁRIO GERAL DOS INSECTOS E ÁCAROS DA CABAÇA NO SUL DE GUJARATE

Quadro 1: Diversidade de insectos na Índia

Encomendar	Índia	Mundo	Por cento
Insectos	50,717	839, 052	6.04
Thysanura	23	1250	1.84
Diplura	16	355	4.50
Protura	20	260	7.69
Collembola	200	5000	4.00
Ephemeroptera	94	2146	4.38
Odonata	491	5500	8.92
Plecópteros	113	2100	5.38
Ortópteros	759	14491	5.24
Phasmida	60	2500	2.40
Dermeptera	320	1800	17.77
Embioptera	33	200	16.50
Blattaria	156	4200	3.71
Mantodea	161	2000	8.05
Isopteros	300	2000	15.00
Psocópteros	85	2500	3.40
Hemípteros	6500	80000	8.13
Thysanoptera	691	6000	11.51

Neuroptera	315	5000	6.30
Coleópteros	15000	350000	4.28
Dípteros	6093	96600	6.31
Lepidópteros	13000	142500	9.12
Hymenoptera	5000	100000	5.00

(ZSI, 1991)

Nome comum	Nome científico	Encomendar	Família	Estado	Referência
Cucurbitáceas					
Escaravelho da abóbora	*Aulacophora (=Raphidopalpa) foveicollis* (Lucas)	Coleópteros	Chrysomelidae	Major	Alam *et al.*, 1964; Alam, 1967; Alam, 1969; Kabir *et al.*, 1991; Karim, 1993; Ahmed *et al.*,1991; Akhtanuzzaman *et al.*, 1999; Das, 1998; Rashid e Singh, 2000
	Aulacophora abdominalis Fab.	Coleópteros	Chrysomelidae	Major	
	Aulacophora frontalis Baly	Coleópteros	Chrysomelidae	Menor	
Escaravelho Epilachna	*Epilachna dodecastigma* (Wied.)	Coleópteros	Coccinellidae	Principais	
	Epilachna varivestis (=corrupta) Mulsant	Coleópteros	Coccinellidae	Menor	
	Epilachna sparsa (Hbst.)	Coleópteros	Coccinellidae	Menor	
	Epilachna septima Dieke	Coleópteros	Coccinellidae	Menor	
Mosca da fruta	*Bactrocera (Dacus) cucurbitae* (Coquillet)	Dípteros	Tephritidae (Trypetidae)	Major	
	Dacus caudatus Fab.	Dípteros	Tefritídeos	Major	
Besouro das pulgas	*Phyllotreta chotania* Duvivier	Coleópteros	Chrysomelidae	Menor	
Mosca de haste	*Lasioptera falcata* Feltro	Dípteros	Ceceidomyiidae	Menor	
Inseto Coreídeo	*Leptoglossus australis (= membranáceo)* (Fab.)	Hemípteros	Coreídeos	Menor	
Cigarrinha	*Exitianus indicus* (Distante)	Homópteros	Cicadellidae	Menor	
Tripes	*Tripes flavidus* Bagnall	Thysanoptera	Thripidae	Menor	

Lagarta da abóbora	*Diaphania indica* (Saunders)	Lepidópteros	Pyralidae	Menor
Formiga	*Phedologeton diversus* (Jerdon)	Hymenoptera	Formicidae	Menor
Ácaro	*Tetranychus* sp.	Acarina	Tetranychidae	Menor

Quadro 3: Pragas de insectos e ácaros registadas em cucurbitáceas

Sr. Não.	Nome comum	Nome científico	Encomendar	Família	Anfitrião	Referência
A. Pragas sugadoras						
1	Pulgão do melão	*Aphis gossypii* Glover	Hemípteros	Aphididae	*Cucumis melo* L.	Satti *et al.*, 1998
2	Desfolhadores	*Empoasca*[s] PP.	Hemípteros	Cicadellidae	*C. pepo* *C. sativus* *C. melo* var. *flexuosus* *C. melo* var. *contaloupensis* *C. lantatus*	Abdel-Moniem *et al.*, 2004, Gameel e Abdel-Gaid, 2007 e Gameel, 2013
3	Inseto da melancia preta	*Coridius viduatus* Fabricius	Hemípteros	Dinidorídeos	*C. pepo* *C. sativus* *C. melo* var. *flexuosus* *C. melo* var. *contaloupensis* *C. lantatus*	Gameel, 2013
4	Mosca branca	*Bemisia tabaci* Grnnadius	Hemípteros	Aleyoridae	*C. pepo* *C. sativus* *C. melo* var. *flexuosus* *C. melo* var. *contaloupensis* *C. lantatus*	Gameel, 2013
5	Tripes da cebola	*Thrips tabaci* Lindeman	Thysanoptera	Thripidae	*C. pepo* *C. sativus* *C. melo* var. *flexuosus* *C. melo* var. *contaloupensis* *C. lantatus*	Gameel, 2013
6	Ácaro da aranha carmim	*Tetranychus cinnabarinus* Boisduval	Acari	Tetranychidae	*Trichosanthus dioica* Roxb. Cv. *Kajili*	Chintha *et al.*, 2002

7	Ácaro da aranha de duas pintas	*Tetranychus urticae* Koch	Acari	Tetranychidae	*C. pepo* *C. sativus* *C. melo* var. *flexuosus* *C. melo* var. *contaloupensis* *C. lantatus*	Gameel, 2013
B. Desfolhadores						
8	Escaravelho vermelho da abóbora	*Aulacophora foveicollis* Lucas	Coleópteros	Chrysomelidae	*T. dioica cv. Kajli*	Chintha *et al.*, 2002
9	Escaravelho da folha	*Epilachna dodecastigma* Wied.	Coleópteros	Chrysomelidae	*T. dioica cv. Kajli*	Chintha *et al.*, 2002
10	Besouro das pulgas	*Monolepta signata* Oliver	Coleópteros	Chrysomelidae	*T. dioica cv. Kajli*	Chintha *et al.*, 2002
11	Traça do pepino	*Diaphania indica* Saunders	Lepidópteros	Crambidae	*T. dioica cv. Kajli*	Chintha *et al.*, 2002
12	Looper das couves	*Trichoplusia ni* Hubner	Lepidópteros	Noctúrias	*T. dioica cv. Kajli*	Chintha *et al.*, 2002
C. Alimentador de tecidos						
13	Mosca da fruta	*Bactrocera* sp.	Dípteros	Tefritídeos	*T. dioica cv. Kajli*	Chintha *et al.*, 2002
14	Pêssego Mosca da fruta	*Bactrocera zonata* Saunders	Dípteros	Tefritídeos	*C. pepo* *C. sativus* *C. melovar . flexuoso* *C. melovar . contaloupensis C. lantatus*	Gameel, 2013
15	Mosca da fruta	*Bactrocera (=Dacus) Frontalis* Becker	Dípteros	Tefritídeos	*C. pepo* *C. sativus* *C. melovar . flexuoso* *C. melovar . contaloupensis C. lantatus*	Gameel, 2013
16	Mosca da fruta	*B. cucurbitae* Coquillet	Dípteros	Tefritídeos	*Coccinia india*	Bhatia e Mahto, 1968
17	Mosca da fruta	*B. tau* Andarilho	Dípteros	Tefritídeos	*Cucumis* sp.	Huque, 2006
18	Mosca da	*B. (=Dacus)*	Dípteros	Tefritídeos	*C. pepo*	Gameel,

	fruta	*ciliatus* Loew			*C. sativus* *C. melovar . flexuoso* *C. melovar . contaloupensis C. lantatus*	2013
D. Alimentadores de raízes						
19	Bicho-da-corte preto	*Agrotis ipsilon* Linnaeus	Lepidópteros	Noctuidae	*C. pepo* *C. sativus* *C. melo* var. *flexuosus*	Gameel, 2013
					C. melo var. *contaloupensis C. lantatus*	
E. Outros						
20	Formiga	*Ponera truncate* Forel	Hymenoptera	Formicidae	*T. dioica cv. Kajli*	Chintha *et al.*, 2002
21	Grilos-toupeira europeus	*Gryllotalpa gryllotalpa* Linnaeus	Ortópteros	Gryllotalpidae	*C. pepo* *C. sativus* *C. melovar . flexuoso* *C. melovar . contaloupensis C. lantatus*	Gameel, 2013
22	Gafanhoto por	*Heteracris littoralis* Ramb.	Ortópteros	Acrididae	*C. pepo* *C. sativus* *C. melovar . flexuoso* *C. melovar . contaloupensis C. lantatus*	Gameel, 2013
23	Bandwing grasshopper	*Acrotylus insubricus* Scopli	Ortópteros	Acrididae	*C. pepo* *C. sativus* *C. melovar . flexuoso* *C. melovar . contaloupensis C. lantatus*	Gameel, 2013

Dharmaraj (2011) estudou a diversidade de artrópodes em ecossistemas vegetais, *nomeadamente* campos de brinjal, cabaça de garrafa e cabaça com nervuras em TNAU, Coimbatore, e revelou um vasto leque de 14 474 indivíduos de 174 espécies, 78 famílias e 15 ordens de três classes, *nomeadamente* Insecta (12 116), Arachnida (2 351) e Diplopoda (7). Entre os Pterygota (12.116), a maioria dos indivíduos pertencia à divisão Endopterygota

(9.055) com o número máximo de indivíduos de Coleoptera (5.475) seguido de Hymenoptera (1688), Lepidoptera (944), Diptera (865) e Neuroptera (73). Os Exopterygota (3 061) estavam representados por sete ordens, *nomeadamente* Hemiptera (2 043), Thysanoptera (429), Isoptera (181), Orthopera (143), Odonata (114), Dermaptera (108) e Dictyoptera (53). Na classe Arachnida, Araneae (1299) foi a ordem mais comum, seguida de Acarina (1052). No total, foram recolhidas nove famílias de Araneae, com a maioria dos indivíduos a pertencer a Salticidae (495), seguida de Oxyopidae (324) e Araneidae (137).

Quadro 4: Inimigos naturais registados em cucurbitáceas

Sr. Não.	Nome comum	Nome científico	Encomendar: Família	Anfitrião	Referência
i. Predadores					
1	Joaninha transversal	*Coccinella transversalis* Fabricius	Coleópteros: Coccinellidae	Gama geral de hospedeiros	Chintha *et al.*, 2002
2	Escaravelho de três riscas	*Brumus suturalis* Fabricus	Coleópteros: Coccinellidae	Gama geral de hospedeiros	Chintha *et al.*, 2002
3	Escaravelho da joaninha às riscas	*Miscraspis discolor* Fabricus	Coleópteros: Coccinellidae	*Aphis gossypii Bemisia tabaci* Genn.	Chintha *et al.*, 2002
4	Escaravelhos da rocha	*Paederus fuscipes* Curtis	Coleoptera: Staphylinidae	*B. tabaci*	Chintha *et al.*, 2002
5	Libélulas	*Crocothemis erythrea* Brulle	Odonata: Libelluidae	Gama geral de hospedeiros	Gameel, 2013
6	Libélulas	*Ischnura senegalensis* Rambur	Odonata: Coenagrionídeos	Gama geral de hospedeiros	Gameel, 2013
7	Escorpião amarelo	*Pardosa birmanica* Simon	Scorpionida: Buthidae	Gama geral de hospedeiros	Chintha *et al.*, 2002
8	Escaravelho do solo	*Casnoidea indica* Thunberg	Coleoptera: Carabidae	Gama geral de hospedeiros	Chintha *et al.*, 2002
ii. Parasitóides					
9	Vespa	*Oencytus* sp.	Hymenoptera: Encytidae	*Heliconiini* sp.	Melan, 1994 e Gameel, 2013
10	Vespa braconídea	*Psyttalia fletcheri* (Silvestri)	Hymenoptera: Braconidae	*B. cucurbitáceas*	Jackson *etal*, 2003
11	Mosca parasitoide	*Exorista larvarum* Linnaeus	Diptera: Tachinidae	*Lymantria dispar* Linnaeus	Melan, 1994 e Gameel, 2013

Halder *et al.* (2018) estudaram a abundância de parasitoides importantes no ecossistema vegetal e as suas perspetivas na gestão integrada de pragas em Varanasi e nos seus distritos adjacentes de Uttar Pradesh para registar as principais pragas de insetos e os seus parasitoides himenópteros associados nos principais grupos de produtos hortícolas: solanáceas, crucíferas, cucurbitáceas, malváceas e leguminosas. Entre as culturas de cucurbitáceas, a traça da pluma branca, *Sphenarches caffer* (Pterophoridae: Lepidoptera) e a traça do pepino, *Diaphania indica* (Crambidae: Lepidoptera) foram observadas na cabaça de garrafa e muito poucos insectos atacam habitualmente esta cultura de cucurbitáceas. Os parasitóides recuperados destas pragas são os seguintes: *Apanteles paludicole* Cameron (Braconidae: Hymenoptera), *Cotesia glomerata* (Linnaeus) (Braconidae: Hymenoptera), *Brachymeria lasus* (Walker) (Chalcididae: Hymenoptera).

Quadro 5: Lista de parasitóides himenópteros importantes e dos seus hospedeiros

Sr. Não.	Parasitoide	Inseto hospedeiro	Cultura(s)	Atividade principal	Incidência mais elevada (%)
1	*Apanteles paludicole*	*Sphenerches caffer*	Cabaça de garrafa	junho - setembro	48.33
2	*Cotesia glomerata*	*Diaphania indica*	Pepino	setembro - outubro	28.34
3	*Brachymeria lasus*	*Diaphania indica*	Cabaça amarga, pepino	agosto - outubro	19.20

[Halder *et al.* (2018)]

Jesu *et al.* (2019) estudaram a diversidade de coccinelídeos predadores em vegetais orgânicos sistemas agrícolas e a sua conservação e produção em massa no NIPHM, Rajendra Nagar, Hyderabad. Os dados sobre a diversidade destes coccinelídeos predadores foram obtidos através de armadilhas, colheita manual e redes. No total, foram registadas nove espécies de coccinelídeos em culturas hortícolas, *nomeadamente,* couve-brincadeira, bhendi, couve-flor, repolho, rabanete, mostarda, tomate, pepino, melancia, ervilhas, feijão-frade e cabaça de garrafa. Entre as culturas inquiridas, *Coccinella transversalis* (Fab.) e *Menochilus sexmaculatus* (Fab.) foram as espécies mais dominantes, seguidas de *Hippodamia variegata.*

Tabela: 6. Coccinelídeos predadores em culturas de cucurbitáceas no NIPHM, Rajendranagar

Cultura	*C. Transversal*	*C. sexmaculata*	*H. variegata*	*B. sutural*	*M. descolorir*	*S. coccivora*
Cucurbitáceas	^	^	^	x	x	^

V- Presente, x-Ausente [Jesu *et al.* (2019)]

Padhiyar e Patel (2021) efectuaram uma experiência sobre a biologia floral e a diversidade da fauna polinizadora da cabaça de garrafa no Sul de Gujarat. Os autores referiram que um total de nove espécies de polinizadores, pertencentes a oito famílias e cinco ordens, eram vivissitantes florais da cabaça de garrafa. As espécies constituíam quatro lepidópteros, dois coleópteros e um hemíptero, um ortóptero e um odonata. Entre todos os insectos visitantes, os lepidópteros foram os principais visitantes (44,44%), seguidos dos coleópteros (22,22%), hemípteros (11,11%), ortópteros (11,11%) e odonatas (11,11%). Entre todas as espécies, *Nesidiocoris* spp. foi a predominante (37,65%), seguida de *Haptones* spp. e *Aulacophora foevicollis,* com 31,76% e 9,41%, respetivamente.

2.2.1 Catálogo fotográfico de insectos e ácaros da cabaça de garrafa

Byrapaa (2010) estudou o impacto dos biopesticidas na biodiversidade em sistemas de cultivo biológico e também efectuou um catálogo fotográfico em Bengaluru.

Sunil (2015) estudou o complexo de pragas da cabaça amarga (*Momordica charantia* L.) e observou que foram registadas 24 espécies de insectos pragas na cabaça amarga, das quais doze espécies eram desfolhadoras, oito espécies eram pragas sugadoras, uma era uma formadora de galhas e três espécies eram brocas de frutos. Preparou também um álbum fotográfico sobre o complexo de pragas.

Zinzuvadiya e Ghetiya (2020) publicaram um catálogo fotográfico de polinizadores dípteros e lepidópteros registados na paisagem agrícola da zona sul de Gujarat.

Zinzuvadiya *et al.* (2020) prepararam e publicaram o catálogo fotográfico dos Hymenopteran parasitoids registados na paisagem agrícola da zona sul de Gujarat.

2.3 ABUNDÂNCIA DE PRAGAS DE INSECTOS E ÁCAROS EM RELAÇÃO A FACTORES CLIMÁTICOS

2.3.1 Insectos sugadores

Entre as pragas sugadoras, o percevejo do lablab, *Coptosoma cribraria* (Fabricius), *Riptortus pedestris* (Fabricius) e *Nezara viridula* (Linnaeus) ocorreram normalmente em grande número durante o período de cultivo (Govindan, 1974 e Thippeswamy, 1990).

Kajita *et al.* (1990) relataram que *Thrips palmi* Kamy foi encontrado atacando lufa angular, cabaça amarga, pepino, abóbora, melancia, cabaça de cera, feijão longo de quintal, duas espécies de *Phaseolus* e uma Cucurbitaceae não identificada.

Deepika *et al.* (2013) observaram a população máxima de cigarrinhas durante a semana padrão de 28th e 32nd em 2008 e 2009, respetivamente, no algodão. Enquanto que a população de mosca branca estava abaixo do nível ETL. A população de cigarrinhas e de mosca branca foi significativamente correlacionada de forma positiva com a temperatura e de forma negativa com a precipitação.

Lekshmi *et al.* (2014) observaram uma maior população de moscas brancas quando a cultura era jovem e diminuiu mais tarde na cabaça amarga. No entanto, a população de pulgões foi iniciada a partir da segunda semana de março (sete dias após a plantação) e não se registou uma incidência significativa desta praga na cultura. A correlação com os factores meteorológicos revelou que as temperaturas máxima, mínima e média tiveram uma correlação negativa significativa com o aumento da população de mosca branca e de pulgões.

Singh e Singh (2015) estudaram o efeito da temperatura nos traços da história de vida dos afídeos em cabaça de garrafa e relataram que a população de *A. gossypii* estava bem adaptada a temperaturas entre 20 e 30, mostrando uma alta taxa de crescimento capita dentro dessa mudança de temperatura. Temperaturas abaixo ou acima dessa faixa resultam em redução drástica do crescimento populacional e temperaturas acima de 30 são letais para as ninfas dos pulgões.

Sunil *et al.* (2017) estudaram a incidência sazonal de pragas de insectos sugadores na cabaça amarga durante a estação *kharif.* Os estudos de correlação entre a incidência sazonal de afídeos e diferentes parâmetros meteorológicos revelaram que existia uma correlação positiva fraca entre a incidência de afídeos e a temperatura máxima (r= 0,08). Por outro lado, existia uma correlação negativa entre a temperatura mínima (r= -0,49), a UR máxima (r= -0,005) e a UR mínima (r= -0,40). A correlação não foi significativa entre o tripes e a temperatura máxima (r= -0,22), a temperatura mínima (r = -0,001), a humidade relativa máxima (r= -0,04), a humidade relativa mínima (r= - 0,12) e a precipitação (r= -0,03). Existiu uma correlação positiva não significativa entre a incidência de mosca branca e a temperatura máxima (r = 0,39), a temperatura mínima (r = 0,05) e a precipitação (r = 0,23). Enquanto uma correlação negativa não significativa foi observada com a UR máxima (r= -0,35) e a UR mínima (r= -0,12).

Tamilnayagan *et al.* (2017) realizaram experiências sobre a incidência sazonal de pragas sugadoras de cabaça de freixo em Tamil Nadu. A correlação entre os parâmetros meteorológicos e a abundância de *B. tabaci* revelou que a temperatura máxima foi negativamente correlacionada com a população de moscas brancas (r= - 0,708), a temperatura mínima foi negativamente correlacionada com a população de moscas brancas (r= -0,158). As horas de sol foram positivamente correlacionadas (r= 0,646), enquanto a humidade relativa nocturna e a precipitação foram negativamente correlacionadas com o valor de -0,528 e -0,197, respetivamente.

A correlação entre os parâmetros meteorológicos e a população de *M. Persicae* revelou que a temperatura máxima estava positivamente correlacionada com a população de afídeos (r= 0,641). A insolação teve uma correlação positiva com a população de afídeos (r= 0,723). A humidade relativa nocturna e a precipitação foram negativamente correlacionadas com o valor de r de - 0,476 e -0,168, respetivamente.

Rolania e Khokhar (2021) estudaram a dinâmica populacional de afídeos e dos seus predadores em cucurbitáceas em Hisar, Haryana, durante a *colheita de* 2016 e 2017. Observaram duas espécies dominantes de afídeos, *Aphis gossypii* e *Myzus persicae*, e três grupos de predadores afidófagos, coccinelídeos, aranhas e larvas de mosca-sírfida, no agroecossistema das cucurbitáceas. A infestação de pulgões começou durante a semana meteorológica padrão (SMW) de 9th e atingiu um pico durante a SMW de 12th (22,65 pulgões por três folhas por planta). A população de pulgões apresentou uma correlação negativa altamente significativa com a temperatura mínima (r= -0,917**), a temperatura máxima (r= -0,895**) e a velocidade do vento (r= -0,809**). No entanto, foi positivamente correlacionada com a humidade relativa da manhã (r= 0,933**) e a humidade relativa da tarde (r= 0,856). Os predadores de afídeos apresentaram uma correlação positiva significativa com a população de presas, sugerindo uma resposta positiva dependente da densidade.

2.3.2 Desfolhadores

2.3.2.1 Besouro vermelho da abóbora, *Aulacophora foveicollis* (Lucas)

De acordo com Roy e Pande (1991), *A. foveicollis* esteve ativo durante todo o ano em Tripura, sendo mais denso em dezembro e menos denso em agosto nas cucurbitáceas. As populações de *A. foveicollis* na abóbora estavam negativamente correlacionadas com a temperatura e a precipitação.

Rajak (2000) estudou a flutuação da população do escaravelho vermelho da abóbora (*A. foveicollis*) no melão e revelou que o escaravelho invernante se tornou ativo a uma temperatura média de 20°C e uma humidade relativa de 89 por cento. A população máxima de escaravelho ocorreu a uma temperatura média de 28,8°C. A correlação da população da praga com a temperatura foi positiva e a correlação com a humidade relativa foi negativa. A análise de regressão revelou que houve um efeito significativo da temperatura e um efeito não significativo da humidade relativa na população da praga.

Kumar e Kumar (2002) efectuaram estudos sobre o estado das pragas nos produtos hortícolas de verão em Karnataka. Observaram a atividade dos adultos do escaravelho da abóbora durante fevereiro-abril e 1-4 adultos por videira alimentavam-se das folhas da planta mogekai (13% de danos nas folhas).

Pallavi *et al.* (2002), de Maharashtra, verificaram que *A. foveicollis* foi observado em aster em fevereiro-março e em outubro-dezembro, com uma população média de 0,3 adultos por planta. A praga era mais baixa durante a pré-monção, seguida do período da monção, e o maior potencial de danos causados pelo escaravelho em plantas de cucurbitáceas em germinação foi registado em março-maio. (Johri e Johri, 2003) observaram que a incidência do escaravelho da abóbora vermelha foi maior de março a setembro, variando de 27,70 a 47,49 por cento, e a mais baixa foi registada em fevereiro (3,92 %). A temperatura, a humidade e a precipitação não tiveram um efeito significativo na infestação da praga em Kanpur.

Johri e Johri (2003) verificaram que o escaravelho da abóbora vermelha era mais baixo durante a pré-monção, seguido dos períodos de monção, e que o potencial de danos mais elevado do escaravelho nas plantas de cucurbitáceas em germinação ocorria em março-maio.

Ghatala (2007) estudou a incidência sazonal do escaravelho vermelho da abóbora, *R. foveicollis,* nas principais culturas de cucurbitáceas no sudeste do Rajastão durante o *Zaid* de 2007 na RCA, Udaipur. As investigações revelaram que a incidência do escaravelho da abóbora vermelha na abóbora de verão, na abóbora e na cabaça de crista apareceu na última semana de fevereiro, a uma temperatura média de 19,9°C e 58,90% de HR. O pico da população de escaravelhos, 2,75 escaravelhos/planta na abóbora de verão, foi obtido durante a 3rd semana de abril, com 31,70°C de temperatura e 27,65% de humidade relativa, enquanto que na abóbora e na cabaça de crista a população máxima (4,10 e 3,8 escaravelhos/planta) foi observada durante a 4th semana de abril, com 31,25°C de temperatura e 31,70% de humidade relativa. O aumento da população de escaravelhos mostrou uma correlação positiva com a temperatura média, mas uma correlação negativa significativa com a humidade relativa média.

Saljoqi e Khan (2007), em Peshawar, constataram que o besouro vermelho da abóbora em duas variedades de pepino (F1-Beitalpha) foi observado em maior número durante as semanas 2nd , 3rd , 4th , 7th , 9th , 10th , 12th e 13th semanas, ao passo que foi maior no pepino (Marketmore) monitorizado como tal nas semanas 1st , 2nd , 3rd , 6th , 10th e 15th do período de cultivo.

Shivalingaswamy *et al.* (2008), na quinta de investigação do Indian Institute of Vegetable Research, em Varanasi, referiram que a população máxima de escaravelho da abóbora vermelha se encontrava em maio, na cabaça de garrafa, em 2001-2002, durante a estação do verão. Também referiram que as tendências de aumento e diminuição da população do escaravelho da abóbora vermelha podem dever-se a alterações na disponibilidade de alimentos.

Rathod e Borad (2010) referiram que a maior incidência do escaravelho vermelho da abóbora nos produtos hortícolas cucurbitáceos (cabaça de garrafa, abóbora, pepino, cabaça de crista e cabaça lisa) foi observada de agosto a setembro na estação *da colheita* e de março a abril na estação do verão. A incidência do escaravelho vermelho da abóbora foi mais elevada durante a estação do verão do que na estação *da colheita.* Também referiram que a população tinha uma correlação positiva significativa com a temperatura máxima (r= +0,550) e mínima (r= +0,657), enquanto a UR máxima (r= -0,298) e os dias de chuva (r= -0,452) tinham uma correlação negativa não significativa com a população do escaravelho da abóbora vermelha.

Foram realizadas experiências de campo durante a *kharif* 2004 e o verão de 2005 em Anand, Gujarat, Índia, para estudar a dinâmica populacional do escaravelho vermelho da abóbora (*A. foveicollis*) em relação aos parâmetros meteorológicos. A incidência mais elevada da praga foi registada de agosto a setembro na *kharif* e de março a abril no verão. A humidade relativa e a pressão de vapor tiveram uma associação positiva significativa com a população de escaravelhos durante a *colheita*, enquanto que no verão tiveram uma correlação negativa na abóbora. A temperatura teve uma correlação positiva significativa com a população de escaravelhos na cultura da abóbora durante o verão. A pressão de vapor, as horas de sol, a precipitação e a velocidade do vento tiveram uma correlação negativa mas não significativa com a população da praga (Rathod e Borad, 2012).

Khan *et al.* (2012) fizeram uma experiência para descobrir a influência dos factores meteorológicos na incidência e na população do escaravelho da abóbora que infesta as cucurbitáceas. A população do escaravelho vermelho da abóbora em três hospedeiros preferenciais, nomeadamente melão, pepino e cabaça doce, foi mínima em março. A sua população aumentou gradualmente com o progresso do tempo até maio e diminuiu depois disso. A população mais elevada do escaravelho da abóbora vermelha foi registada em maio. A população do escaravelho da abóbora vermelha foi linear e positivamente correlacionada com a HR.

A dinâmica populacional de *A. foveicollis* em relação a factores abióticos foi estudada em pepino (*Cucumis sativus* L.), *var.* 'Khira-90' durante 2009 e 2010. A atividade inicial e o período de pico do escaravelho vermelho da abóbora variaram consoante os locais e as condições meteorológicas prevalecentes. Em Palampur, o inseto foi encontrado ativo a partir da segunda quinzena de abril, com três picos durante as semanas 2nd e 4th de maio e a semana 3rd de julho de 2009, enquanto em 2010 se registou um pico importante durante a semana 2nd de maio. No campo do agricultor, em Bara (Hamirpur), o primeiro aparecimento foi observado durante a primeira quinzena de março e atingiu o seu pico durante as semanas 3rd e 2nd de abril de 2009 e 2010, respetivamente. A infestação de um por cento foi observada quando a cultura se encontrava na sua fase inicial de crescimento. Os estudos de correlação revelaram uma correlação negativa significativa com a temperatura mínima no campo do agricultor, enquanto os parâmetros meteorológicos não tiveram um efeito significativo na população de escaravelhos em Palampur, bem como em Bara (Khursheed *et al.,* 2013).

Ghule *et al.* (2014) registaram o pico de incidência (2,32 adultos/planta) do escaravelho da abóbora vermelha durante 2011 na segunda semana de fevereiro, enquanto que em 2012 o pico de incidência (2,33 adultos/planta) foi observado durante a última semana de janeiro.

Kumar (2014) investigou a incidência sazonal do escaravelho da abóbora vermelha no pepino em RCA, Udaipur, durante a *kharif* 2012 e verificou que o pico da população do escaravelho da abóbora vermelha (4,80 escaravelhos/cinco plantas) foi observado durante a primeira semana de outubro de 2012. Por outro lado, os estudos de correlação revelaram que a população de abóbora vermelha tinha uma correlação positiva não significativa com a temperatura e uma correlação negativa não significativa com a humidade relativa e a precipitação.

Khan (2014) estudou a incidência e o movimento do escaravelho vermelho da abóbora, *A. foveicollis,* nas folhas da cabaça doce, *Cucurbita moschata.* Os resultados revelaram que as folhas maduras suportam um maior número de escaravelhos em comparação com as folhas jovens e a população de escaravelhos aumentou gradualmente de 1st para 3rd semana de germinação. O número médio de escaravelhos por planta foi maior na superfície superior da folha do que na superfície inferior da folha em todas as parcelas tratadas durante as primeiras horas do dia, antes das 10:00 horas. O número mais elevado de escaravelhos da abóbora vermelha foi observado às 7:00 da manhã na superfície superior e às 13:00 na superfície inferior das folhas.

Sunil (2015) estudou a correlação entre a incidência do escaravelho da abóbora e os parâmetros meteorológicos, *nomeadamente* a temperatura, a humidade relativa e a precipitação, durante as épocas de *colheita* e de colheita da cabaça amarga. Durante a época *da kharif*, existiu uma correlação positiva entre o escaravelho da abóbora e a temperatura mínima (r= 0,40) e a UR máxima (r= 0,25) e uma correlação negativa entre o escaravelho da abóbora e a temperatura máxima (r= - 0,30), a UR mínima (r= -0,25) e a precipitação (r= - 0,20). Do mesmo modo, na estação *rabi, existiu* uma correlação positiva significativa entre o escaravelho da abóbora e a temperatura mínima (r= 0,65) e a UR máxima (r= 0,36) e a UR mínima (r= 0,39), ao passo que existiu uma correlação negativa significativa entre o escaravelho e a temperatura máxima (r= -0,47).

Bhowmik e Saha (2017) relataram que o escaravelho da abóbora vermelha *A. foveicollis* foi considerado a principal praga e apareceu do início ao meio da fase de crescimento da cultura (6,235,6% de danos) na cabaça de garrafa e a temperatura máxima mostrou uma correlação positiva significativa, enquanto a temperatura mínima, por outro lado, teve um impacto significativo e negativo no escaravelho da abóbora vermelha. A UR mínima teve um efeito negativo sobre o escaravelho, enquanto a UR máxima mostrou uma correlação positiva com a incidência do escaravelho.

Yadav *et al.* (2017) relataram que a incidência do escaravelho da abóbora vermelha na cabaça de garrafa foi iniciada durante o 22nd SMW (16 escaravelhos/5 plantas) e aumentou gradualmente e atingiu o seu pico durante o 26th SMW (34 escaravelhos/5 plantas). A população do escaravelho da abóbora vermelha apresentou uma correlação positiva significativa com a temperatura atmosférica média e uma correlação negativa significativa com a HR média.

Singh *et al.* (2017) estudaram o aparecimento do escaravelho vermelho da abóbora na cabaça de freixo e verificaram que a ocorrência do escaravelho vermelho da abóbora começou durante a 4th semana de setembro, permanecendo ativo de setembro a dezembro. Além disso, a observação da população de escaravelhos indicou que a 4th semana de setembro foi a mais favorável para a formação de uma população de escaravelhos da abóbora vermelha. Depois disso, a atividade diminuiu subitamente a partir de 42nd e 43rd SMW.

Kumar e Saini (2018) referiram que a população do escaravelho da abóbora vermelha começou durante os 35th SMW e que se registou um pico (4,80 escaravelhos/ 5 plantas) na primeira semana de outubro de 2012. A população de escaravelho da abóbora vermelha apresentou uma correlação positiva com a temperatura média, enquanto uma correlação negativa significativa com a HR média e a precipitação.

De acordo com o relatório de Saha *et al.* (2018), a infestação do escaravelho da abóbora vermelha foi observada durante todo o período de cultivo, com a população mais elevada (2,80 a 3,40 adultos/planta) durante a 1st semana de maio a 1st semana de junho em Sabour, Bihar. Os estudos de correlação entre o escaravelho vermelho da abóbora e os parâmetros meteorológicos revelaram que a população apresentou uma correlação positiva significativa com a temperatura máxima e mínima, ao passo que uma correlação negativa e não significativa com a humidade relativa e a precipitação.

Shinde *et al.* (2018) estudaram a correlação entre a infestação média de pragas do pepino e diferentes parâmetros meteorológicos. Os resultados revelaram que a infestação média do escaravelho vermelho da abóbora exibiu uma correlação negativa significativa (r= -0,576) com a temperatura máxima e a UR matinal (r= -0,675), enquanto outros parâmetros meteorológicos, *nomeadamente* a temperatura mínima, a UR vespertina, as horas de sol brilhante e a precipitação, não foram considerados significativos.

Dubale *et al.* (2018) estudaram a atividade sazonal do escaravelho da abóbora vermelha na cabaça de crista e a relação meteorológica durante a *kharif* 2017 na Estação Experimental Central, Wakawali, Dist. Ratnagiri. Os resultados sobre a atividade sazonal revelaram que a infestação do escaravelho da abóbora vermelha (0,84±0,73) foi iniciada durante 26th SMW. A menor
(0,52±0,73) infestação do escaravelho da abóbora vermelha foi registada em 35th SMW, enquanto a infestação máxima (2,84±0,73) foi registada durante 31st SMW na cabaça. A correlação entre a infestação média do escaravelho da abóbora vermelha e os diferentes parâmetros meteorológicos indicou que existia uma correlação positiva significativa com a temperatura mínima (r= 0,362), enquanto se observou uma correlação negativa não significativa com os restantes parâmetros meteorológicos, *nomeadamente* a temperatura máxima, a humidade relativa do ar à noite, as horas de sol brilhante e a precipitação.
Gharde *et al.* (2019) experimentaram Jalandhar, Punjab em 2018 e o resultado revelou que a incidência de *A. foveicollis* infestando cabaça de garrafa foi observada a partir de 8th SMW (0,40 besouro/planta) e atingiu seu pico (3,04 besouro/planta) durante 14th SMW.
A experiência de campo foi conduzida para estudar a incidência sazonal do escaravelho vermelho da abóbora, *A. foveicollis,* no pepino na Estação Principal de Investigação Vegetal, AAU, Anand (Gujarat) durante o verão de 2019 por Patel (2020). A atividade do escaravelho vermelho da abóbora começou a partir da 2nd semana de março (10th SMW, 1st WAG) e persistiu até à 1st semana de maio (18th SMW, 9th WAG) na gama de 0,37 a 3,87 escaravelhos/planta. A população do escaravelho da abóbora vermelha aumentou gradualmente e atingiu o primeiro pico (3,87 escaravelhos/planta) durante a 5th semana de março (13th SMW, 4th WAG). Depois, diminuiu ligeiramente durante a semana seguinte e aumentou ainda mais, atingindo o segundo pico (3,87 escaravelhos/planta) durante a 2nd semana de abril (15th SMW). A população de escaravelhos diminuiu depois até à maturidade da cultura e escapou durante a 2nd semana de maio. Os estudos de correlação revelaram que a velocidade do vento (r=-0,793**) mostrou uma associação negativa altamente significativa com a atividade do escaravelho da abóbora vermelha. A humidade relativa matinal apresentou uma correlação positiva não significativa. No entanto, os restantes parâmetros meteorológicos, *nomeadamente* as horas de sol brilhante, a temperatura máxima, a temperatura mínima, a humidade relativa da tarde, a pressão de vapor da manhã e a pressão de vapor da tarde apresentaram uma correlação negativa, mas os resultados não foram significativos.

2.3.2.2 *Liriomyza trifolii* (Burgess), mineiro de folhas de serpentina

Srinivasan *et al.* (1995) efectuaram um inquérito para avaliar a incidência e a gravidade do serpentine leaf miner, *L. trifolii,* em Andhra Pradesh, Karnataka, Maharashtra e Tamil Nadu entre novembro de 1992 e fevereiro de 1993. Os resultados revelaram que a ocorrência da praga foi observada em todos estes Estados. Foi registada em 70 plantas hospedeiras, abrangendo culturas de fibras, leguminosas, legumes, plantas ornamentais, adubos verdes, forragens, narcóticos e ervas daninhas pertencentes a 16 famílias. A incidência foi relativamente grave no tomate, quiabo, feijão, cabaça, pepino, batata, rícino e algodão. A gravidade dos danos variou consoante a altura da planta. As folhas do topo da copa tinham menos minas do que as folhas do meio e da base da copa.
As investigações sobre a infestação por *Liriomyza sativae* foram efectuadas durante 1996-97 na província de Guangdong, China. As pragas de insectos ocorreram principalmente em culturas hortícolas, desde a fase de plântula até à colheita. As temperaturas elevadas foram

consideradas favoráveis à sua reprodução e a sua população aumentou rapidamente a partir de abril. Verificou-se que a população de *L. sativae* era de 362 por 75 folhas em pepinos semeados no verão, de acordo com o relatório de Chen *et al.* (1998).

De acordo com Jyani (1999), o pico de atividade (27,40 por cento de folhas danificadas) de *L. trifolii* no pepino foi registado durante a 2nd quinzena de agosto na estação *kharif*, enquanto que o pico de atividade (55,71 por cento de folhas danificadas) ocorreu durante a 2nd quinzena de março na estação de verão em Anand, Gujarat. A praga teve uma correlação positiva significativa com as horas de sol brilhante, ao passo que teve uma associação negativa com as temperaturas mínimas e médias, a UR, a pressão de vapor e a precipitação.

Hammad e Nemer (2000) efectuaram um inquérito para estudar a dispersão do minador de folhas e o seu desenvolvimento no pepino, na acelga e no feijão. Em geral, verificou-se que o nível de infestação era mais elevado nos locais da costa média do que nos outros locais durante 1994-95. Nos primeiros locais, verificou-se que a praga se desenvolvia na acelga em outubro e novembro, na presença de pepinos em estufa, ao passo que encontrou números significativamente mais elevados nos pepinos durante a primavera, na ausência de acelga. O número de minas larvares foi significativamente mais elevado no estrato inferior da planta, em comparação com os estratos médio e superior do pepino, ao longo da época de cultivo. Houve uma diferença significativa na duração geral do desenvolvimento (19,6-22,3 dias) do inseto entre os três hospedeiros. A duração do desenvolvimento larvar foi significativamente mais curta no feijão do que na acelga e no pepino, consecutivamente.

Reddy e Kumar (2004) verificaram que o pico de infestação do minador de folhas foi registado durante março-abril na cultura do tomate. Foi obtida uma correlação positiva altamente significativa com a temperatura máxima e mínima (r= +0,727 e r= +0,843) e uma correlação não significativa com outros parâmetros meteorológicos.

Chaudhuri e Senapati (2004) registaram uma maior incidência de *L. trofolii* entre finais de março e maio no tomateiro e observaram a sua correlação positiva com a temperatura, a humidade relativa e a precipitação. O gradiente mostrou uma correlação significativamente negativa com a incidência do mineiro das folhas.

Patel (2007) em Anand, Gujarat, referiu que a infestação de *L. trifolii* na cultura do pepino se verificou ao longo de todo o período de cultivo durante o verão e manteve-se abaixo das 21 minas/folha, nove larvas por folha e 23% de folhas danificadas. Foi maior durante as 7th a 12th semanas após a germinação, *ou seja*, durante abril-maio. Os estudos de correlação indicaram que a EvRH 26,11±5,44%, a MeRH 47,40±5,71%, a EvVP 13,43±3,03 (mm de Hg), a WS 4,31±0,79 (km/hora), a EvVPD 38,37±3,51 e a MeVPD 23,10±2,24 (mm de Hg) foram consideradas condições favoráveis à infestação por *L. trifolii* durante a estação do verão.

Ganapathy *et al.* (2010) observaram que a incidência do minador de folhas foi menor (9,0 %) em novembro e máxima (32,5 %) em março no feijão-frade. Em julho e agosto, os níveis de incidência também foram mais elevados, com 28,3 e 26,2 por cento, respetivamente. Nos meses mais frios, a incidência foi comparativamente menor (9,0 a 13,70 %).

Saha *et al.* (2018) referiram que os danos foliares causados por *L. trifolii* foram máximos (3,30 a 4,20 minas/vinha) durante a última semana de abril até à terceira semana de maio em pepino. Os estudos de correlação revelaram que o minador de folhas apresentou uma correlação positiva significativa com a temperatura máxima e mínima, enquanto correlações negativas e não significativas com a UR e a precipitação.

2.3.2.3 Escaravelho *Epilachna, Henosepilachna vigintioctopunctata* (Fabricius)

Haseeb *et al.* (2009) observaram uma incidência inicial do escaravelho hadda na couve-galega durante a 3rd semana de janeiro e um pico de população durante a 3rd semana de fevereiro. Observaram também uma correlação negativa da incidência do escaravelho com a temperatura máxima e mínima, mas uma correlação positiva com a humidade mínima e máxima.

De acordo com Barma e Jha (2013), a incidência do escaravelho epilanchna atingiu um pico durante o mês de março, a primeira quinzena de abril, maio e a terceira semana de julho na cabaça pontiaguda. A temperatura máxima, a humidade relativa matinal, a humidade relativa vespertina, a precipitação e as horas de sol brilhante tiveram uma associação significativa com a população de epilanchna.

2.3.3 Brocas de frutos

2.3.3.1 Moscas da fruta, *Bactocera* spp.

A infestação de moscas da fruta na cabaça foi registada durante todo o ano, a partir de fevereiro, atingindo um pico durante a terceira semana de março e com uma infestação insignificante durante dezembro-janeiro, de acordo com o relatório de Patel e Patel, (1996).

O estudo de Patnaik *et al.* (2004) mostrou que o pico da população da mosca da fruta foi registado durante abril-maio, ou *seja,* por volta de 18th a 20th SMW na cabaça amarga.

Banerji *et al.* (2005) referiram que o pico da população de moscas da fruta na cabaça amarga em Bengala Ocidental foi registado mais alto durante o verão, seguido do inverno. A mosca da fruta do melão teve uma correlação positiva significativa com a temperatura máxima (r= +0,623) e mínima (r= +0,632) e uma correlação não significativa com outros parâmetros.

Em Bihar, a incidência de *B. cucurbitae* na cabaça amarga começou entre 2 e 6 de abril (14th semana padrão), resultando numa infestação de 24,6% dos frutos e o pico de atividade ocorreu durante a semana padrão de 26th , causando uma infestação de 46,3% (Mandal *et al.*, 2006).

Singh e Naik (2006) referiram que a infestação de *B. cucurbitae* variou de 2 a 11% em diferentes meses na cabaça amarga. A infestação foi baixa em janeiro, tendo aumentado gradualmente e atingido um pico em março, diminuindo em seguida. Entre os factores meteorológicos, a temperatura (máxima e mínima) favoreceu os danos da mosca da fruta, enquanto a humidade relativa mínima afectou negativamente os danos da praga.

Mahmood e Mishkatullah (2007) referiram que o pico da população de *B. cucurbitae* em cucurbitáceas no Paquistão foi registado em maio e agosto, tendo-se observado um declínio a partir de outubro, atingindo o mínimo em janeiro. Tal deveu-se à maturidade do fruto hospedeiro, à temperatura e à precipitação.

Hasyim *et al.* (2008) referiram que o número de moscas-das-frutas capturadas utilizando armadilhas com isco foi positivamente correlacionado com os três factores abióticos, *ou seja,* temperatura, humidade e precipitação.

A incidência sazonal de *B. cucurbitae* estudada em pepino por Kate *et al.* (2009) revelou que a infestação de mosca da fruta começou durante a semana 5th após a germinação e aumentou durante as quatro semanas seguintes (6th , 7th , 8th e 9th) e formou o pico com uma infestação de 22,4 por cento e depois diminuiu gradualmente (12,0%) durante a última semana de abril (semana 12th).

Laskar e Chatterjee (2010) estudaram o efeito dos factores meteorológicos na dinâmica populacional da mosca da fruta do melão, *B. cucurbitae,* no sopé dos Himalaias e referiram que foi observada uma correlação positiva significativa (r) da incidência da mosca com a temperatura mínima (r= +0.7596) e a temperatura máxima (r= +0,7376), enquanto a humidade máxima (r= -0,4249) mostrou uma correlação negativa e a humidade mínima (r= +0,4366) mostrou uma correlação positiva com a incidência da mosca da fruta. A precipitação e as horas de sol por dia apresentaram correlações positivas (r= +0,4367) e negativas (r= -0,3123) com a incidência da mosca, respetivamente.

Alim *et al.* (2012) estudaram a flutuação da população de moscas do melão em dois anos consecutivos, ou *seja,* 2007 e 2008. Em ambos os anos, a captura mais elevada foi registada de abril a junho, enquanto a mais baixa ocorreu de outubro a novembro. O estudo mostrou que o aumento sazonal da população da mosca do melão coincidiu com a temperatura do ar e o período de frutificação das plantas hospedeiras.

Barma e Jha (2013) referiram que o pico de infestação da mosca da fruta na cabaça pontiaguda ocorreu entre a 2nd semana de abril e a 2nd semana de setembro de 2008. Em 2009, a infestação teve início na 3rd semana de abril e continuou a ocorrer até à colheita final na 2nd semana de setembro e, em 2010, foi ainda mais tardia na 1st semana de maio e persistiu até ao fim da época de colheita na 2nd semana de setembro. Em 2008, observou-se uma elevada população de larvas (7,09 larvas/fruto) a partir da 3rd semana de maio, com danos correspondentes nos frutos de 22,86%. A população de larvas foi relativamente baixa durante 2009, sendo de 3-3,4 larvas/fruto durante a última parte de maio e causando 10% dos danos nos frutos. Mas os danos mais elevados nos frutos foram registados no final da época de cultivo, isto *é,* na última semana de agosto (25%). Em 2010, no entanto, a prevalência da população foi quase da mesma ordem que em 2008 e a população mais elevada de 7,15 a 7,76 larvas/fruto e danos nos frutos (25 a 40 por cento) foi registada durante a 1st e a 2nd semana de junho. O desenvolvimento da população até atingir um nível elevado demorou cinco semanas em 2008 e 2009, mas em 2010 demorou menos tempo, quatro semanas. No entanto, o pico da população da praga foi registado na cabaça amarga desta região durante o verão, seguido da estação do inverno. A incidência de larvas revelou uma correlação positiva significativa com a temperatura máxima (r= +0,386) e mínima (r= +0,501), do mesmo modo que a temperatura do solo também mostrou uma correlação positiva altamente significativa (r= +0,555). Enquanto a UR matinal foi significativamente correlacionada negativamente com a incidência de larvas (r = -0,451). Os outros factores climáticos não tiveram quaisquer efeitos significativos na incidência da praga.

Lekshmi *et al.* (2014) observaram que a população de mosca da fruta (*B. cucurbitae*) foi notada a partir da quarta semana de março e atingiu um pico durante a quarta semana de abril na cabaça amarga. As temperaturas máxima, mínima e média tiveram uma correlação positiva com a população de moscas-das-frutas.

Vignesh (2015) fez uma experiência para estudar a dinâmica populacional das moscas da fruta em Dharwad de junho de 2014 a abril de 2015. O pico populacional (6,33 a 55,67 moscas da fruta/armadilha/semana) foi observado durante o período de 26th a 43rd SMW. A mosca da fruta do melão teve uma correlação positiva significativa com a temperatura mínima (r= 0,388*), a humidade relativa da manhã (r= 0,372*) e da tarde (r= 0,427).

De acordo com Saha *et al.* (2018), a mosca da fruta (*B. cucurbitae*) ocorreu desde a 3rd semana de abril até à 2nd e 3rd semana de junho na cultura do pepino. O pico (50 a 66 moscas da fruta/armadilha/semana) da população da mosca da fruta foi registado durante o mês de maio.

2.3.3.2 Lagarta americana, *Helicoverpa armigera* (Hubner)

Upadhyay *et al.* (1989) registaram uma correlação positiva da *H. armigera* com a temperatura máxima (r = 0,63) e a temperatura mínima (r = 0,67), bem como com a humidade relativa (r = 0,59) no amendoim. Nadaf e Kulkarni (2005) referiram que os ovos de *H. armigera registaram* o pico mais elevado durante a segunda quinzena de setembro e que a incidência de larvas atingiu o seu pico durante a primeira quinzena de novembro na cultura da malagueta. A temperatura máxima (r = 0,82*) e a precipitação (r = 0,73*) mostraram uma correlação positiva significativa com a incidência de ovos de *H. armigera*, ao passo que a temperatura máxima indicou uma correlação positiva significativa com a incidência de larvas.

Sharma *et al.* (2012) observaram que o número máximo de traças macho capturadas foi de 105,66/armadilha/semana, enquanto o número máximo de larvas foi de 30,0/10 plantas durante a semana padrão de 12th (19 de março - 25 de março) em grão-de-bico. Factores abióticos como a temperatura máxima e a temperatura mínima tiveram uma correlação positiva com as capturas de traça macho e a população larvar de *H. armigera*, enquanto a humidade relativa teve uma correlação negativa com as capturas de traça macho e a população larvar em grão-de-bico. Radhika (2013) referiu que a *H. armigera* tinha uma correlação positiva com a temperatura média do amendoim.

2.3.3.3 Lagarta da abóbora, *Diaphania indica* (Saunder)

Singh e Naik (2006) referiram que a população de *D. indica* na cabaça amarga variava entre 5 - 23/ 100 frutos em Orissa, sendo mais baixa em janeiro e aumentando posteriormente. A população da praga apresentou uma correlação positiva com a temperatura máxima. No entanto, a humidade (mínima) teve uma correlação negativa. Observou-se um maior número de larvas em março, quando a colheita estava no seu pico. A infestação de frutos variou entre 3-14 por cento.

Barma e Jha (2013) referiram que a atividade do rolo de folhas na cabaça pontiaguda era mais elevada durante a terceira semana de janeiro, da primeira à segunda semana de março, da primeira à segunda semana de abril, da primeira semana de junho e da segunda semana de julho. A temperatura máxima, a temperatura mínima e as horas de sol brilhante tiveram uma associação significativa com a população de rolos de folhas.

2.4 Inimigos naturais

Saha *et al.* (2018) fizeram uma experiência para estudar a dinâmica populacional dos seis insectos-praga predominantes do pepino e dos seus inimigos naturais em relação aos parâmetros meteorológicos. Os estudos de correlação entre as pragas de insectos e os parâmetros meteorológicos revelaram que os inimigos naturais, como os coccinelídeos e as aranhas, apresentaram uma correlação positiva significativa com a temperatura máxima e mínima e uma correlação negativa não significativa com a humidade relativa e a precipitação. A hora de sol mostrou uma correlação positiva com todos os insectos pragas e inimigos naturais, exceto o escaravelho epilachna.

CAPÍTULO 3

MATERIAIS E MÉTODOS

Os estudos sobre "Biodiversidade de insectos e ácaros em sistemas de agricultura biológica de cabaça de garrafa [*Lagenaria siceraria* (Molina) Standley]" foram realizados na época de verão de 2020 e 2021. Os pormenores dos materiais e métodos utilizados para os diferentes aspectos são descritos de acordo com as seguintes rubricas.

1. Biodiversidade de insectos e ácaros em sistema de agricultura biológica de cabaça
2. Inventário geral de insectos e ácaros da cabaça de garrafa no Sul de Gujarat
3. Abundância de pragas de insectos e ácaros em relação a factores climáticos

3.1 BIODIVERSIDADE DE INSECTOS E ÁCAROS EM SISTEMA DE AGRICULTURA BIOLÓGICA DE CABAÇA

Para o estudo da biodiversidade de insctos e ácaros no sistema de agricultura biológica de cabaça de garrafa, a cultura foi semeada na Unidade de Agricultura Biológica, ACHF, Universidade Agrícola de Navsari, Navsari, Gujarat, nos anos de 2019-20 e 2020-21. A recolha de vários insetos e ácaros diurnos e noturnos foi feita nos campos de cabaça de garrafa durante ambos os anos.

3.1.1 Processo de amostragem

Os insectos e ácaros diurnos e noturnos da cabaça de garrafa foram recolhidos a intervalos quinzenais em 25 plantas seleccionadas aleatoriamente (5 plantas/ponto em forma de "W") das fileiras intermédias, deixando as plantas da fileira fronteira em sistemas de agricultura biológica, através da observação visual e do método de inspeção das plantas, tal como sugerido por Southwood, 1978. Os insectos noturnos foram observados às oito horas da noite. Os escaravelhos da abóbora, semelhantes a insectos, estavam activos de dia e de noite, mas a sua atividade era maior à noite, pelo que foram registados como insectos noturnos. As espécies de insectos acima do solo foram apanhadas em redes de varredura (32 cm de diâmetro e 70 cm de comprimento) e monitorizadas. Foram feitas cinco varreduras e os dados quinzenais sobre o número de indivíduos de cada espécie obtidos por varredura da rede foram utilizados para formular a biodiversidade de insectos.

As contagens dos polinizadores foram efectuadas utilizando uma amostragem ad-libitum dos visitantes das flores durante um período de amostragem de dez minutos com um intervalo de tempo de 60 minutos. Foram contados e registados todos os insectos que visitaram as flores em cada período de amostragem. Foram registadas observações sobre as espécies de insectos que visitam as flores e o número de cada espécie por amostragem em diferentes alturas do dia durante o período de floração de culturas seleccionadas nos sistemas de agricultura biológica. A população de pragas sugadoras foi registada visualmente em três folhas (superior, média e inferior).

Os insectos e ácaros recolhidos por vários métodos foram levados para o laboratório e mortos colocando um pequeno cotonete de algodão embebido em acetato de etilo ou clorofórmio dentro dos sacos de polietileno. A identificação dos espécimes recolhidos no sistema de agricultura biológica foi confirmada taxonomicamente. Os dados foram utilizados para calcular a abundância de espécies, a riqueza e a uniformidade das espécies e o índice de diversidade de Shannon e Weaver para cada ordem taxonómica nos campos biológicos.

3.1.2 Análise estatística

3.1.2.1 Diversidade de espécies: O índice de diversidade de Shannon e Wiener (H') é o índice mais popular e amplamente utilizado em ecologia de comunidades. É o grau médio de "incerteza" e se esta "incerteza" média aumenta à medida que o número de espécies aumenta e a distribuição dos indivíduos entre as espécies também se torna uniforme. A diversidade de insectos e ácaros nos sistemas de agricultura biológica foi avaliada utilizando a fórmula de diversidade de Shannon e Weaver e é a seguinte

$$H = \sum pi \ log2 \ pi$$ .... (Shannon e Weiner, 1963)

Onde,

H = Índice de diversidade

Pi = ni /N

Pi= Proporção de indivíduos da espécie i^{th}.

ni = Número de indivíduos de cada espécie na amostra.

N = Número total de indivíduos de todas as espécies da amostra.

3.1.2.2 Equivalência das espécies: Em que medida as espécies são igualmente abundantes? São propostas muitas medidas de equidade. Uma das abordagens mais comuns consiste em escalar uma das medidas de heterogeneidade, como a medida de diversidade de Shannon e Weaver, em relação ao seu valor teórico máximo quando cada espécie da amostra é representada pelo mesmo número de indivíduos. Esta medida foi calculada através da seguinte fórmula.

$$J = \frac{H}{log\gamma S}$$

.... (Pielou, 1969) Onde,

H = diversidade de Shannon e Weaver e

S = O número de espécies na comunidade.

3.1.2.3 Riqueza das espécies: Para avaliar como a diversidade da população está distribuída ou organizada entre as espécies particulares, este índice foi calculado.

$$R = \frac{S-1}{log\gamma N}$$

.... (Margalef, 1958)

Onde,

S = O número total de espécies recolhidas e

N = O número total de indivíduos de todas as espécies.

3.1.2.4 Abundância relativa: A abundância relativa das diferentes espécies foi calculada em termos de percentagem.

% Abundância relativa $(RA) = \frac{n}{N} \times 100$

Onde,

n – Número total de indivíduos da espécie "a

N – Número total de indivíduos de todas as espécies.

3.2 INVENTÁRIO GERAL DOS INSECTOS E ÁCAROS DA GARRAFA CABAÇA NO SUL DE GUJARATE

Foram feitas recolhas de todos os insectos e ácaros, incluindo inimigos naturais, de culturas de cabaça cultivadas na Unidade de Agricultura Biológica, ASPEE College of Horticulture and Forestry, NAU, Navsari Gujarat, Índia. Foi elaborado um inventário geral de insectos e ácaros.

3.2.1 Amostragem

Os espécimes de insectos nocivos e ácaros colhidos na cabaça biológica foram conservados separadamente em frascos de vidro/plástico, depois de mortos no frasco de extermínio, tendo sido capturadas fotografias dos adultos depois de espalhados e montados em diferentes insectos polinizadores. Os espécimes de maiores dimensões foram mantidos em caixas especiais para insectos, revestidas com folhas de espuma para fixação e bolas de naftalina para permitir um armazenamento prolongado sem danos. Um exemplar mais pequeno foi conservado em etanol absoluto. Os espécimes de insectos polinizadores foram conservados no laboratório para identificação.

3.2.2 Conservação a seco

Os grandes insectos polinizadores mortos foram mortos num frasco com cianeto para serem fixados e montados na placa de fixação/espalhamento de insectos e secos na câmara de secagem de insectos para melhor preservação. Os espécimes recolhidos foram imediatamente fixados e montados numa placa de fixação após a morte do inseto. Mas isto nem sempre era possível no terreno. Assim, sempre que necessário, os espécimes eram transferidos para um frasco/garrafa de plástico e relaxados antes de serem espalhados e montados no prazo de 3-4 horas após a recolha.

Os espécimes relaxados foram retirados do frasco e fixados cientificamente com um alfinete entomológico à prova de ferrugem na tábua de distribuição de insectos. As asas foram então abertas de forma a que a margem interna da asa anterior permanecesse perpendicular ao corpo do inseto e mantidas em posição com tiras de papel e alfinetes. Uma vez fixados, os insectos foram transferidos para uma caixa de espécimes de insectos e, finalmente, conservados no armário dos insectos. Foram utilizadas bolas de naftalina para proteger os espécimes de formigas, ácaros e outras pragas

3.2.3 Preparação de um catálogo fotográfico de insectos e ácaros

As fotografias em grande plano das espécies de insectos-praga e ácaros foram capturadas com a ajuda de uma câmara digital. Os espécimes vivos de insectos-praga e ácaros em condições de campo foram fotografados para que a coloração natural e as posturas comportamentais específicas pudessem ser documentadas. A fotografia de insectos conservados em alfinetes foi documentada quando os espécimes vivos não puderam ser fotografados. Finalmente, foi preparado um catálogo fotográfico de todas as espécies, que constitui uma ferramenta útil para a identificação de insectos-praga e ácaros no Estado.

3.2.4 Observações registadas:

Todos os insectos e ácaros disponíveis nos sistemas de agricultura biológica foram observados e foram capturadas fotografias dos mesmos.

3.3 ABUNDÂNCIA DE PRAGAS DE INSECTOS E ÁCAROS EM RELAÇÃO FACTORES CLIMÁTICOS

3.3.1 Pormenores experimentais

1. Localização	Unidade de Agricultura Biológica, ACHF, NAU, Navsari	
2. Época e ano	verão-2020 e 2021	
3. Cultura e variedade	Cabaça de garrafa e ABG-1	
4. Espaçamento	2,0 x 2,0 m	
5. Dimensão da parcela	20,0 x 20,0 m	
6. Data de sementeira	verão de 2020	26/02/2020

	verão de 2021	17/02/2021
7. Data de irrigação	verão de 2020	26/02/2020 14/03/2020 29/03/2020 15/04/2020 02/05/2020
	verão de 2021	17/02/2021 27/02/2021 18/12/2021 04/01/2021 28/01/2021
08. Data de germinação	verão de 2020	06/03/2020
	verão de 2021	23/02/2021
09. Data de floração	verão de 2020	15/04/2020
	verão de 2021	09/04/2021
10. Data da colheita	verão de 2020	04/06/2020
	verão de 2021	30/05/2021

Todas as práticas agronómicas foram seguidas de acordo com as recomendações. Para a gestão de ervas daninhas, foi feita uma monda manual baseada na necessidade após a segunda irrigação. A cultura foi cultivada sem a utilização de quaisquer pesticidas químicos após a germinação.

3.3.2 Observações registadas

1. População de pragas sugadoras (afídeo, mosca branca e jassídeo) por folha
2. População de ácaros por folha a partir de $4cm^2$ área foliar
3. População de escaravelho da abóbora vermelha por folha
4. População de mosca da fruta por planta
5. População de Coccinelídeos por planta

3.3.3 Método de registo das observações

A totalidade da parcela experimental foi dividida em cinco sectores e foram seleccionadas aleatoriamente cinco plantas de cada sector para registar as observações. As observações das pragas de insectos e ácaros foram registadas nas mesmas cinco plantas seleccionadas de cada sector. **Pragas sugadoras**

A população de afídeos, moscas brancas e jassídeos foi registada em três folhas (superior, média e inferior) das mesmas cinco plantas seleccionadas de cada sector. As observações foram registadas durante as primeiras horas da manhã, com um intervalo semanal. A população de ácaros foi registada em três folhas (em cima, no meio e em baixo). A observação foi registada numa área foliar de 4cm2 utilizando uma lente de aumento (10X).

Desfolhadores e brocas de frutos

A população do escaravelho da abóbora vermelha e da mosca da fruta foi registada em cinco plantas de cada sector. Para registar a população de moscas da fruta, os frutos danificados de cinco plantas foram colhidos no campo e levados para o laboratório para a emergência de adultos, tendo sido confirmada a população de adultos emergidos.

Coccinelídeos

A população de coccinelídeos foi registada em cinco plantas de cada sector. **3.3.4 Estudos de**

correlação:

Para estudar o efeito dos parâmetros meteorológicos, *nomeadamente* a temperatura mínima (MinT), a temperatura máxima (MaxT), a humidade relativa matinal (MoRH), a humidade relativa vespertina (EvRH), as horas de sol brilhante (BSS) e a velocidade do vento (WS) na flutuação da população de insectos, os dados da população de insectos foram correlacionados com os parâmetros meteorológicos supramencionados, obtidos no Agricultural Meteorological Observatory, NAU, Navsari, utilizando um procedimento estatístico normalizado, tal como sugerido por Steel e Torrie (1980).

Foto 3.1: Rede de recolha de insectos, frasco para matar, quadro de fixação de insectos, alfinetes entomológicos e caixa de insectos

Foto 3.2: Armário de insectos

Foto 3.3: Materiais para a preparação de álcool a 70% para a conservação de espécies de insectos pequenos e de corpo mole

Foto 3.4: Espécimes recolhidos enviados para o NBAIR, Bengaluru, para identificação

Foto 3.5: Vista geral do sítio experimental

CAPÍTULO 4

RESULTADOS E DISCUSSÃO

A presente investigação sobre "Biodiversidade de insetos e ácaros em sistemas de agricultura orgânica de cabaça de garrafa [*Lagenaria siceraria* (Molina) Standley]" foi realizada na Unidade de Agricultura Orgânica Certificada, ASPEE College of Horticulture and Forestry, Navsari Agricultural University, Navsari durante a temporada de verão de 2020 e 2021. Foram registadas observações anuais nos sistemas de agricultura biológica nas principais culturas *viz,* cabaça de garrafa cv. ABG-1 no que diz respeito à biodiversidade de insectos e ácaros.

Os principais aspectos, como a riqueza de espécies, a abundância, a abundância relativa e os índices de diversidade, bem como a preparação de um inventário geral dos insectos e ácaros, foram estudados nos sistemas de cultivo biológico da cabaça. Para além destes estudos, foi também estudada a correlação da abundância dos principais insectos e ácaros em relação a factores meteorológicos e à fenologia das culturas de cabaça de garrafa, sendo os resultados obtidos apresentados a seguir:

4.1 Biodiversidade de insectos e ácaros em sistema de agricultura biológica de cabaça

4.2 Inventário geral de insectos e ácaros da cabaça de garrafa no Sul de Gujarat

4.3 Abundância de pragas de insectos e ácaros em relação a factores climáticos

4.4 BIODIVERSIDADE DE INSECTOS E ÁCAROS EM SISTEMA DE AGRICULTURA BIOLÓGICA DE CABAÇA

A biodivcrsidadc dc insctos c ácaros no sistcma dc agricultura biológica de cabaça de garrafa foi realizada Unidade de Agricultura Biológica Certificada, NAU, Navsari durante a época de verão de 2020 e 2021. Os resultados obtidos são apresentados nos quadros 4.1 a 4.17 e discutidos no presente documento.

4.4.1. Diversidade de insectos e ácaros em sistemas de agricultura biológica

Um total de 5093 indivíduos de insetos e ácaros pertencentes a 11 ordens de insetos, 34 famílias e 41 espécies de insetos, bem como uma ordem de ácaros, uma família que inclui uma espécie de ácaro, foram registados durante todo o período de estudo (2020 e 2021) na cultura de cabaça de garrafa em sistemas de agricultura biológica. Destes, a ordem de insetos Hemiptera foi observada como o grupo dominante com 11 espécies, 10 famílias contribuindo para 27,50 por cento da diversidade total de espécies. A ordem Lepidoptera ocupou o segundo lugar, com seis espécies em cinco famílias, contribuindo para 15% da diversidade de espécies, seguida da ordem Coleoptera, com seis espécies em três famílias, contendo 15%, da ordem Hymenoptera, com seis espécies em cinco famílias, com 10%, da ordem Orthoptera, com três espécies em duas famílias e 7,50%, da ordem Diptera, com três espécies em duas famílias e 7,50%, e da ordem Diptera, com três espécies em duas famílias e 7,50%.50 por cento, Diptera com duas espécies em duas famílias e cinco por cento, Odonata e Araneae com duas espécies cada em uma família com cinco por cento de biodiversidade e Mantodea, Neuroptera e Dermeptera com uma espécie em uma família contendo 2,50 por cento e a ordem de ácaros Acarina com uma espécie em uma família contribuindo com 2,50 por cento da biodiversidade total da diversidade faunística total de insectos e ácaros (Quadro 4.1, Fig. 1 e 2).

Durante 2020, foi registado um número total de 2627 indivíduos pertencentes a 12 ordens e 35 famílias na exploração biológica de cabaça de garrafa. A exploração biológica apresentou uma maior riqueza de espécies de inimigos naturais em comparação com as espécies fitófagas. A equidade das espécies (J) é uma medida da abundância igual das espécies. A uniformidade das espécies foi de 0,79 para os sistemas de produção biológica de cabaça (Quadro 4.1). O índice de riqueza de espécies R (Margalef) foi de (10,57) Shannon e o índice de diversidade de Wiener (H') foi de (2,91) na cabaça biológica (Quadro 4.1).

Foi registado um número total de 2466 indivíduos pertencentes a 12 ordens e 35 famílias, compreendendo 42 espécies, na exploração biológica de cabaça de garrafa durante 2021. Foi registada uma maior equidade de espécies na exploração biológica (0,80) (Quadro 4.1).

Os dados baseados no índice de riqueza de espécies (R) indicaram um valor mais elevado (10,57) no sistema de agricultura biológica da cabaça. Isto indica que as explorações agrícolas biológicas suportam uma maior riqueza de espécies. O índice de diversidade de Shannon e Wiener (H') dos sistemas de agricultura biológica foi de 2,97, indicando uma maior diversificação de espécies nas explorações biológicas de cabaça (Quadro 4.1).

Na presente investigação, foram observados 5093 indivíduos pertencentes a 12 ordens e 35 famílias, compreendendo 42 espécies de insectos no sistema de agricultura biológica (Quadro 4.1). Esta constatação está de acordo com o resultado de Patra *et al.* (2016), que registaram 41 espécies de insectos, das quais 11 Coleópteros, 13 Hemípteros, três Ortópteros, um Díptero, um Thysanóptero, 11 Lepidópteros e um Hymenóptero, em produtos hortícolas. Também registaram inimigos naturais, incluindo oito escaravelhos coccinelídeos, uma vespa amarela, um inseto predador, dois parasitóides não identificados e algumas aranhas não identificadas. Da mesma forma, Nair *et al.* (2017) registaram 64 insetos-praga pertencentes a sete ordens e 32 famílias. Entre eles, nove espécies

Quadro 4.1: Diversidade de insectos e ácaros no sistema biológico de cabaça de garrafa

Sr. Não.	Encomendar	Família	Nome científico	Número		
				2020	2021	Total
1.	Hemípteros	Aleyrodidae	*Bemisia tabaci* Gennadius	86	72	158
		Alydidae	*Riptortis pedestris* Fabricius	42	58	100
		Aphididae	*Aphis gossypii* Glover	217	253	470
		Cicadellidae	*Empoasca kerri* Pruthi	87	80	167
		Lygaeidae	*Geocoris tricolor* Fabricius	16	11	27
			Lygaeus hospes Fabricius	09	09	18
		Mirídeos	*Nesidiocoris* spp.	289	254	543
		Pyrrhocoridae	*Dysdercus cingulatus* Fabricius	12	10	22
		Plataspididae	*Coptosoma cribraria* Fabricius	108	117	225
		Pentatomídeos	*Nezara virudula* Linnaeus	67	51	118
		Reduvidae	*Rhynocoris fuscipes* Fabricius	04	05	09
2.	Dermápteros	Labidurídeos	*Labidura riparia* (Pallas)	08	12	20
3.	Mantodea	Mantidae	*Mantis religiosa* Casal	03	02	05
4.	Odonata	Libullelidae	*Pantala flavescens* (Fabricius)	07	06	13
			Orthetrum sabina (Drury)	06	04	10

5.	Ortópteros	Pyrgomorphidae	*Atractomorpha crenulata* Fabricius	11	09	20
		Gryllidae	*Oecanthus indicus* (Saussure)	21	17	38
			Gryllus sp.	34	23	57
6.	Coleópteros	Chrysomelidae	*Aulacophora foveicollis* Lucas	483	378	861
			Aulacophora intermedia Jacoby	17	21	38
		Coccinellidae	*Coccinella transversalis* Fabricius	47	58	105
			Cheilomenes sexmaculata Fabricius	111	121	232
			Illeis cincta Fabricius	06	04	10
		Nitidulidae	*Haptones* spp.	213	178	391
7.	Dípteros	Agromyzidae	*Liriomyza trifoli* Burgess	18	12	30
		Tefritídeos	*Bactrecra (Dacus) cucurbitae* (Coquillet)	184	201	385

Quadro 4.1: Contd...

N.º Sr.	Encomendar	Família	Nome científico	2020	2021	Total
8.	Hymenoptera	Apídeos	*Apis dorsata* Fabricius	97	89	186
			Apis cerana indica Fabricius	27	31	58
		Formicidae	*Camponotus compressus* Fabricius	74	67	141
		Ichneumonidae	*Ichneumonidae* spp.	02	04	06
		Megachilidae	*Megachile (Eutricharaea) hera* (Bingham, 1897)	07	08	15
		Xilocopídeos	*Xylocopa fenestrata* (Fabricius, 1798)	09	05	14
9.	Lepidópteros	Noctuidae	*Helicoverpa armigera* Hubner	23	20	43
		Pterophoridae	*Sphenarches anisodactylus*	19	22	41
		Crambidae	*Diaphania indica* Saunders	09	11	20
			Spoladea recurvallis Fabricius	03	07	10
		Nymphalidae	*Danaus chrysippus* Linnaeus	11	15	26
		Pierídeos	*Eurema hecabe* Linnaeus	14	12	26
10	Neuroptera	Chrysopidae	*Chrysoperla carnea* Stephens	10	08	18
11.	Acarina	Tetranychidae	*Tetranychus urticae* Koch	198	164	362
12.	Araneae	Araneidae	*Argiope anasuja* (Thorell)	08	19	27
		Oxyopidae	*Oxyopes birmanicus* (Thorell)	10	18	28
			N.º de espécies (S)	42	42	42
			N.º de famílias	35	35	35
			N.º de encomendas	12	12	12

N	2627*	2466*	5093*
J	0.79	0.80	0.80
R	10.57	10.57	10.57
H	2.91	2.97	2.94

Nota: S- Nº de espécies, N- Nº total de indivíduos em todas as espécies, J- Equivalência das espécies, R- Riqueza das espécies, H- Índice de Shannon-Wiener
***Número de indivíduos por 300 plantas e 12 datas de amostragem, Ácaros registados em 4cm² área foliar**

foram registadas como pragas maiores, 30 como pragas menores e as restantes 25 como pragas negligenciáveis, o que corrobora as presentes conclusões. Singh e Chauhan (2014) registaram um total de 32 espécies em 15 géneros e sete famílias em 16 culturas hortícolas e ornamentais diferentes.

Em contradição com os resultados da presente investigação, Chitra e Soundararajan (2011) registaram 127 espécies de insectos em 113 géneros, 59 famílias e 11 ordens no ecossistema vegetal. Entre as ordens de insectos, Coleoptera foi a mais diversificada (31 espécies), seguida de Hemiptera (27 espécies), Lepidoptera (19 espécies), Orthoptera (15 espécies), Hymenoptera (14 espécies), Odonata (7 espécies), Dictyoptera (6 espécies), Diptera (4 espécies), Neuroptera (2 espécies), Ephemeroptera e Isoptera (1 espécie cada).

Srilaxmi e Paul (2010) registaram um total de 1056 insectos pertencentes a seis ordens e 16 famílias de Lepidoptera, Hemiptera, Coleoptera, Homoptera e Diptera no ecossistema orgânico de Gulbarga, Karnataka.

No presente estudo, o sistema de agricultura biológica de cabaça de garrafa registou uma maior riqueza de espécies (42 espécies), abundância de espécies (5093), equidade de espécies (0,80), índice de riqueza de espécies (10,57) e índice de diversidade de Shannon (H= 2,94) (Quadro 4.1). Bengtsson *et al.* (2005), Hole *et al.* (2005) estudaram a biodiversidade de inimigos naturais e de insectos fitófagos em sistemas de agricultura biológica no Vale do Sacramento, tendo posteriormente encontrado uma maior riqueza (61 espécies) nas amostras biológicas.

4.4.2. Abundância relativa (%) de insectos e ácaros na cabaça de garrafa biológica Sistema

Os resultados baseados na abundância relativa de espécies individuais de insectos durante 2020 são apresentados no Quadro 4.2. A abundância relativa de insectos fitófagos foi menor, enquanto os inimigos naturais e os polinizadores foram maiores na exploração biológica de cabaça (exceto para algumas pragas importantes). A abundância relativa de inimigos naturais como os escaravelhos *C. sexmaculata* (4,25%), *C. transversalis* (1,80%), *C. compresuss* (2,83%) e polinizadores como as abelhas *A. dorsata* (3,72%) e *A. cerana indica* (1,03%) foi máxima na exploração biológica de cabaças. Os principais insectos fitófagos, como *A. foveicollis* (18,50%), *Nesidiocoris* spp. (11,07%), afídeos, *A. gossypii* (8,31%), *Haptones* spp. (8,16%) e *B. Cucurbitae* (7,05%) apresentaram uma abundância relativa máxima. Em geral, formigas, joaninhas e polinizadores indicaram abundâncias relativas muito altas no campo orgânico.

A abundância relativa de insectos fitófagos (herbívoros), inimigos naturais e polinizadores foi maior na exploração biológica de cabaça. A abundância relativa de inimigos naturais, como os escaravelhos *C. sexmaculata* (4,93%), *C. transversalis* (2,36%) e *C. compresuss* (2,73%), e de polinizadores, como as abelhas *A. dorsata* (3,63%) e *A. cerana indica* (1,26%), foi mais elevada nas explorações biológicas de cabaças. Os principais insectos fitófagos, tais como *A. foveicollis* (15,41%), *Nesidiocoris* spp. (10,35%), afídeos, *A. gossypii* (10,31%), *Haptones* spp. (7,26%) e *B. Cucurbitae* (8,19%) apresentaram uma abundância relativa máxima

(Quadro 4.2).

Durante 2020-21, os dados médios mostram que a abundância relativa de insectos fitófagos (herbívoros), inimigos naturais e polinizadores foi maior na exploração biológica. A abundância relativa de inimigos naturais, como os besouros-das-rainhas, *C. sexmaculata* (4,59%), *C. transversalis* (2,08%), Ant, *C. compresuss* (2,78%) e polinizadores, como as abelhas melíferas, *A. dorsata* (3,68%), *A. cerana indica* (1,15%), foi registada no campo de cabaça biológica. A abundância dos principais insectos fitófagos, *nomeadamente A. foveicollis* (16,96%), *Nesidiocoris* spp. (10,71%), afídeos, *A. gossypii* (9,31%), *Haptones* spp. (7,71%) e *B. Cucurbitae* (7,62%). A abundância de outras espécies de insectos foi insignificante (Quadro 4.2). Esta constatação é apoiada pelos trabalhos de ecologistas anteriores. Letourneau e Bothwell (2008) estudaram a biodiversidade de inimigos naturais e insectos fitófagos de sistemas de agricultura biológica no Vale do Sacramento, onde a riqueza de insectos carnívoros (predadores e parasitóides) foi mais elevada (37) em amostras biológicas.

Os resultados da presente investigação estão também de acordo com Anbalagan *et al.* (2015), que referiram que os insectos predadores, os himenópteros parasitas e outras populações de insectos benéficos eram mais abundantes do que os insectos fitófagos nos campos biológicos. Também referiram o mesmo número de ordens de insectos, mas um maior número de taxa nos campos biológicos

Quadro 4.2: Abundância relativa (%) de insectos e ácaros no sistema orgânico de cabaça de garrafa

N.º Sr.	Encomendar	Família	Nome científico	2020	2021	Média
1.	Hemípteros	Aleyrodidae	*Bemisia tabaci* Gennadius	3.29	2.94	3.12
		Alydidae	*Riptortis pedestris* Fabricius	1.61	2.36	1.98
		Aphididae	*Aphis gossypii* Glover	8.31	10.31	9.31
		Cicadellidae	*Empoasca kerri* Pruthi	3.33	3.26	3.30
		Lygaeidae	*Geocoris tricolor* Fabricius	0.61	0.45	0.53
			Lygaeus hospes Fabricius	0.34	0.37	0.36
		Mirídeos	*Nesidiocoris* spp.	11.07	10.35	10.71
		Pyrrhocoridae	*Dysdercus cingulatus* Fabricius	0.46	0.41	0.44
		Plataspididae	*Coptosoma cribraria* Fabricius	4.14	4.77	4.46
		Pentatomídeos	*Nezara virudula* Linnaeus	2.57	2.08	2.33
		Reduvidae	*Rhynocoris fuscipes* Fabricius	0.15	0.20	0.18
2.	Dermápteros	Labidurídeos	*Labidura riparia* (Pallas)	0.31	0.49	0.40
3.	Mantodea	Mantidae	*Mantis religiosa* Casal	0.11	0.08	0.10
4.	Odonata	Libullelidae	*Pantala flavescens* (Fabricius)	0.27	0.24	0.26
			Orthetrum sabina (Drury)	0.23	0.16	0.20
5.	Ortópteros	Pyrgomorphidae	*Atractomorpha crenulata* Fabricius	0.42	0.37	0.40
		Gryllidae	*Oecanthus indicus* (Saussure)	0.80	0.69	0.75
			Gryllus sp.	1.30	0.94	1.12
6.	Coleópteros	Chrysomelidae	*Aulacophora foveicollis*	18.50	15.41	16.96

			Lucas			
			Aulacophora intermedia Jacoby	0.65	0.86	0.76
		Coccinellidae	*Coccinella transversalis* Fabricius	1.80	2.36	2.08
			Cheilomenes sexmaculata Fabricius	4.25	4.93	4.59
			Illeis cincta Fabricius	0.23	0.16	0.20
		Nitidulidae	*Haptones* spp.	8.16	7.26	7.71

Quadro 4.2: Contd...

N.º Sr.	Encomendar	Família	Nome científico	2020	2021	Média
7.	Dípteros	Agromyzidae	*Liriomyza trifoli* Burgess	0.69	0.49	0.59
		Tefritídeos	*Bactrocera (Dacus) cucurbitae* (Coquillet)	7.05	8.19	7.62
8.	Hymenoptera	Apideos	*Apis dorsata* Fabricius	3.72	3.63	3.68
			Apis cerana indica Fabricius	1.03	1.26	1.15
		Formicidae	*Camponotus compressus* Fabricius	2.83	2.73	2.78
		Ichneumonidae	*Ichneumonidae* sp.	0.08	0.16	0.12
		Megachilidae	*Megachile (Eutricharaea) hera* (Bingham, 1897)	0.18	0.14	0.16
		Xilocopídeos	*Xylocopa fenestrata* (Fabricius, 1798)	0.22	0.14	0.18
9.	Lepidópteros	Noctuidae	*Helicoverpa armigera* Hubner	0.88	0.82	0.85
		Pterophoridae	*Sphenarches anisodactylus*	0.73	0.90	0.81
		Crambidae	*Diaphania indica* Saunders	0.34	0.45	0.40
			Spoladea recurvallis (Fabricius, 1775)	0.11	0.29	0.20
		Nymphalidae	*Danaus chrysippus* Linnaeus	0.42	0.61	0.52
		Pierídeos	*Eurema hecabe* Linnaeus	0.54	0.49	0.51
10.	Neuroptera	Chrysopidae	*Chrysoperla carnea* Stephens	0.38	0.33	0.36
11.	Acarina	Tetranychidae	*Tetranychus urticae* Koch	7.58	6.69	7.14
12.	Araneae	Araneidae	*Argiope anasuja* (Thorell)	0.31	0.77	0.54
		Oxyopidae	*Oxyopes birmanicus* (Thorell)	0.38	0.73	0.57
Total				**100**	**100**	**100**

Ordem dos insectos e dos ácaros

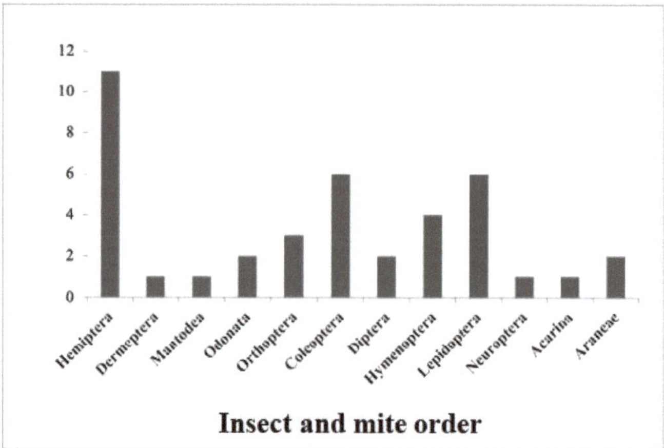

Fig. 4.1: Composição global das espécies de diferentes ordens de insectos e ácaros

Composição das espécies

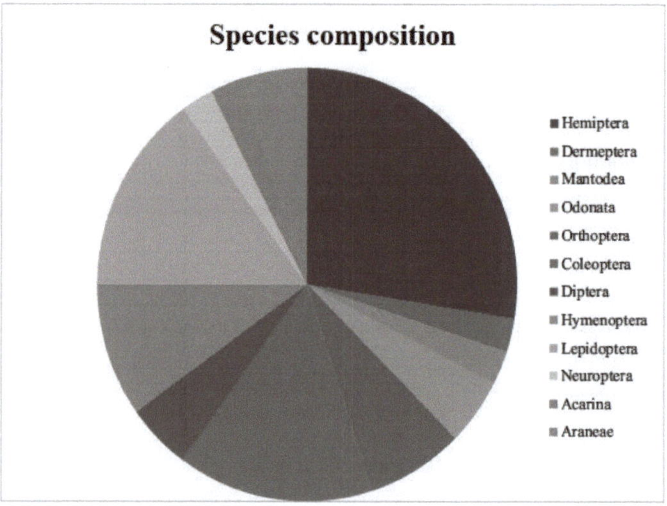

Fig. 4.2: Composição percentual das diferentes espécies das ordens dos insectos e dos ácaros

4.1.3. Ordem da abundância relativa (%) de insectos e ácaros no sistema orgânico de cabaça de garrafa

Os dados sobre a abundância relativa de diferentes ordens durante o ano de 2020 em sistemas de cultivo biológico de cabaça são apresentados no Quadro 4.3. Entre as diferentes ordens, Hemiptera ocupou a primeira posição com (35,88%) de abundância. A abundância de insectos por ordem decrescente foi Coleópteros (33,49%) > Dípteros (7,74%) > Hymenoptera (7,66%) > Acarina (7,58%) > Lepidoptera (3.02%) > Orthoptera (2,52%) > Araneae (0,69%) > Dermeptera (0,31%) > Odonata (0,50%) > Neuroptera (0,38%) > Mantodea (0,11%). Assim, os insectos Hemiptera e Coleopteran foram mais abundantes, enquanto que, por outro lado,

Diptera, Hymenoptera, Acarina, Lepidoptera, Orthoptera foram intermédios e Mentodea, Neauroptera, Odonata, Dermaptera tiveram uma abundância insignificante de insectos.

Os resultados baseados na abundância relativa com base em diferentes ordens em sistemas de cultivo orgânico de cabaça de garrafa durante o ano de 2021 são apresentados na Tabela 4.3. Entre as diferentes ordens, Hemiptera ocupou a primeira posição com (37,50%) de abundância. A abundância de insectos por ordem decrescente foi Coleópteros (30,98%) > Dípteros (8,68%) > Hymenoptera (7,78%) > Acarina (6,64%) > Lepidoptera (3.56%) > Orthoptera (2,00%) > Araneae (1,50%) > Dermeptera (0,49%) > Odonata (0,40%) > Neuroptera (0,33%) > Mantodea (0,08%). Assim, os insectos Hemiptera e Coleopteran foram mais abundantes enquanto que, por outro lado, Mentodea, Neauroptera, Odonata e Dermeptera tiveram uma abundância insignificante de insectos.

A abundância de insectos por ordem é apresentada no Quadro 4.3 e na Fig. 4.3 As ordens Hemiptera (36,69%) e Coleoptera (32,32%) foram relativamente mais abundantes do que as outras ordens. As ordens Diptera (8,21%), Hymenoptera (7,22%) e Acarina (7,14%) foram encontradas em maior número do que as restantes ordens. Dialoke *et al.* (2013) apoiaram a mesma tendência de resultados. No entanto, ao contrário dos presentes resultados, Srilaxmi e Paul (2010) referiram que Lepidoptera era a ordem dominante seguida de Hemiptera, Coleoptera, Hymenoptera e Diptera em diferentes ecossistemas vegetais, o que pode ser devido a alterações na variedade, área de estudo e sistemas agrícolas.

Tabela 4.3: Abundância relativa por ordem (%) de insectos e ácaros no sistema orgânico de cabaça de garrafa

N.º Sr.	Encomendar	2020	2021	Média
1.	Hemípteros	35.88	37.50	36.69
2.	Dermápteros	0.31	0.49	0.40
3.	Mantodea	0.11	0.08	0.10
4.	Odonata	0.50	0.40	0.45
5.	Ortópteros	2.52	2.00	2.26
6.	Coleptera	33.49	30.98	32.24
7.	Dípteros	7.74	8.68	8.21
8.	Hymenoptera	7.66	7.78	7.72
9.	Lepidópteros	3.02	3.56	3.29
10	Neuroptera	0.38	0.33	0.36
11.	Acarina	7.58	6.69	7.14
12.	Araneae	0.69	1.50	1.10

Ordens de insectos na cabaça biológica

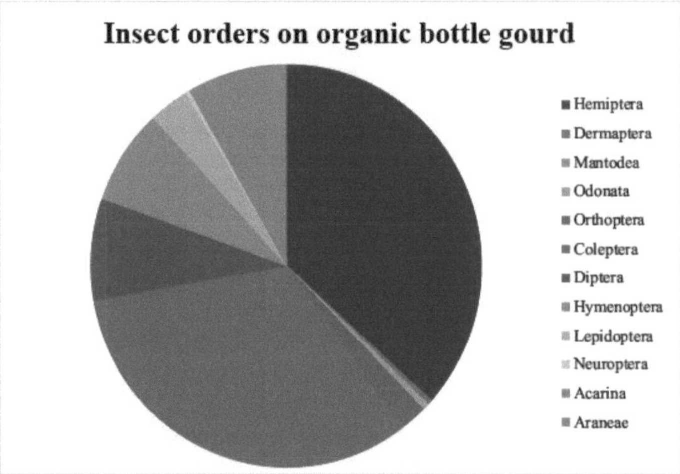

Fig. 4.3: Abundância relativa (%) das ordens de insectos no sistema de cultivo biológico de cabaça

4.1.4. Índices de Abundância Relativa e Diversidade para os Principais Insectos e Ácaros em Sistemas de Cultivo Biológico de Cabaça

Olhando para a abundância e diversidade relativas, a abundância de espécies (1576 indivíduos), a abundância relativa (62,25%), o índice de diversidade de Shannon (H = 2,30), a uniformidade das espécies (J = 0,80) e a riqueza de espécies (R = 4,61) de herbívoros foram registados na quinta de cabaça biológica (Tabela 4.4). Resultados semelhantes foram relatados por Ovawanda *et al.* (2016) que registaram percentagens mais elevadas de predadores, parasitóides, polinizadores, detrivores e herbívoros em campos de arroz biológico (50, 14, 1, 12 e 23 espécies).

No caso dos predadores, a abundância de espécies (326 indivíduos), a abundância relativa (12,75%), a uniformidade das espécies (J= 0,73), a riqueza de espécies (R= 2,98) e o índice de diversidade de Shannon (H= 1,84) dos predadores foram registados na exploração biológica de cabaças. A abundância de espécies (01 indivíduo), a abundância relativa (0,12%), a equidade de espécies (J= 0,64), a riqueza de espécies (R= 0,54) e o índice de diversidade de Shannon (H= 0,55) de parasitóides foram registados na exploração biológica de cabaças (Quadro 4.4). Yaherwandi e Hidrayani (2014) relataram que a diversidade de espécies e a uniformidade dos parasitoides de himenópteros eram maiores no agroecossistema orgânico. Eles registaram 533 indivíduos em agroecossistemas orgânicos, consistindo em 20 famílias e 85 espécies.

A maior abundância de polinizadores (626), a abundância relativa (24,87%), a uniformidade das espécies (J= 0,70), a riqueza das espécies (R= 1,76) e o índice de diversidade de Shannon (H= 1,39) foram registados na cultura biológica de cabaça (Quadro 4.5). Os resultados actuais estão de acordo com Thapa (2006), que registou um número três vezes superior de espécies de polinizadores (19 espécies de insectos) na cultura biológica de mostarda (6 espécies de insectos). Mencionaram que a pulverização de pesticidas tem sido um dos principais factores de declínio dos polinizadores.

A riqueza de espécies, a abundância e a abundância relativa de herbívoros, predadores, parasitóides e polinizadores foram mais elevadas nas explorações agrícolas com sistemas de cabaça biológica (Letourneau e Bothwell, 2008; Hole *et al.*, 2005). Vandermeer e Perfecto (1995) reconheceram dois componentes distintos da biodiversidade nos agroecossistemas. O primeiro componente é a 'biodiversidade planeada' associada a culturas e gado propositadamente incluídos nos agroecossistemas pelo agricultor. O segundo componente é a 'biodiversidade associada' de toda a flora e fauna do solo, herbívoros, carnívoros e decompositores que colonizam os agroecossistemas a partir dos ambientes circundantes. Nos campos biológicos, os agricultores cultivam culturas intercalares e de fronteira, o que constitui uma biodiversidade planeada. Estas culturas intercalares ou mistas atraem vespas, polinizadores, parasitóides e outros inimigos naturais, fornecendo sombra, néctar e pólen. Esta biodiversidade associada, os inimigos naturais

Tabela 4.4: Abundância relativa e índices de diversidade para herbívoros e predadores em sistema orgânico de cabaça de garrafa

Táxon	Herbívoros			Predadores		
	2020	2021	Média	2020	2021	Média
S	18.00	18.00	18.00	13.00	13.00	13.00
N	1636.00	1517.00	1576.50	318	335.00	326.50
AR (%)	62.65	61.86	62.25	11.86	13.63	12.75
J	0.79	0.80	0.80	0.72	0.74	0.73
R	4.61	4.61	4.61	2.98	2.98	2.98
H	2.29	2.31	2.30	1.78	1.90	1.84

S- Nº de espécies, **N-** Nº total de indivíduos de todas as espécies, **RA-** Abundância relativa, **J-** Equivalência das espécies, **R-** Riqueza das espécies, **H-** Índice de Shannon-Wiener

Quadro 4.5: Abundância relativa e índices de diversidade de parasitóides e polinizadores no sistema orgânico de cabaça

Táxon	Parasitóides			Polinizadores		
	2020	2021	Média	2020	2021	Média
S	1.00	1.00	1.00	8.00	7.00	7.50
N	2.00	4.00	3.00	663.00	590.00	626.50
AR (%)	0.08	0.16	0.12	25.39	24.34	24.87
J	0.63	0.56	0.64	0.66	0.73	0.70
R	0.54	0.54	0.54	1.90	1.63	1.76
H	0.69	0.41	0.55	1.37	1.41	1.39

S- Nº de espécies, **N-** Nº total de indivíduos de todas as espécies, **RA-** Abundância relativa, **J-** Equivalência das espécies, **R-** Riqueza das espécies, **H-** Índice de Shannon-Wiener

e polinizadores, ajuda no controlo das pragas e na polinização das culturas. A biodiversidade associada é conservada nos campos biológicos, evitando a utilização indiscriminada de pesticidas químicos de natureza tóxica a altamente tóxica.

Os dados sobre a abundância relativa e os índices de diversidade dos principais grupos de insectos, tais como herbívoros, predadores, parasitóides e polinizadores, em sistemas de agricultura biológica de cabaça são apresentados nos Quadros 4.4 e 4.5. Foi registado um total de 1636 insectos herbívoros, compreendendo 18 espécies, na exploração biológica. A abundância relativa de herbívoros foi mais elevada (62,65%), com menor equidade de espécies (J= 0,79), riqueza de espécies (R= 4,81) e índice de diversidade de Shannon (H= 2,29) no sistema de cultivo biológico de cabaça (Quadro 4.4).

Da mesma forma, foram registados 318 indivíduos de insectos predadores, compreendendo 13 espécies, na exploração biológica. A abundância relativa de predadores foi maior (11,86%) com maior equidade de espécies (J= 0,72), riqueza de espécies (R= 2,98) e índice de diversidade de Shannon (1,78) na exploração biológica de cabaça (Quadro 4.4).

Os dados sobre a abundância relativa de parasitóides em sistemas de agricultura biológica são apresentados no quadro 4.5. Foi registado um total de dois parasitóides, compreendendo uma espécie, em sistemas de agricultura biológica de cabaça. A abundância relativa de parasitóides foi de (0,08%), com uma equidade de espécies (J= 0,63), uma riqueza de espécies (R= 0,54) e um índice de diversidade de Shannon (H= 0,69) nos sistemas de cultura biológica de cabaças.

Os resultados baseados na abundância relativa de polinizadores nos sistemas de agricultura biológica são apresentados no quadro 4.5. Foi registado um total de 663 polinizadores, compreendendo oito espécies, em sistemas de agricultura biológica de cabaça. Observou-se uma maior abundância relativa (25,39%) com maior equidade de espécies (J= 0,66), riqueza de espécies (R= 1,90) e índice de diversidade de Shannon (H= 1,37) de polinizadores na cultura biológica de cabaça de garrafa.

Os dados sobre a abundância relativa e os índices de diversidade no ano 2020 para os principais grupos de insectos, tais como herbívoros, predadores, parasitóides e polinizadores em sistemas de cultura biológica de cabaça são apresentados nos quadros 4.4 e 4.5. Um total de 1517 indivíduos de insectos herbívoros, compreendendo 18 espécies, foram observados em campos de cabaça biológica. A abundância relativa de herbívoros foi mais elevada (61,86%), com uma equidade de espécies (J= 0,80), uma riqueza de espécies (R= 4,61) e um índice de diversidade de Shannon (H= 2,31) no sistema de cultura biológica de cabaças (Quadro 4.4).

Da mesma forma, foram registados 335 indivíduos de insectos predadores, compreendendo 13 espécies, numa exploração de cabaça biológica. A abundância relativa de predadores foi também mais elevada (13,63%), com uma equidade de espécies (J= 0,74), uma riqueza de espécies (R= 2,98) e um índice de diversidade de Shannon (1,90) numa exploração de cabaça biológica (Quadro 4.4).

Os resultados baseados na abundância relativa de parasitóides em sistemas de cultivo biológico de cabaça são apresentados no quadro 4.5. Foram registados quatro parasitóides de uma espécie na exploração biológica. Da mesma forma, foi registada uma maior abundância relativa (0,16%) com maior equidade de espécies (J= 0,56), riqueza de espécies (R= 0,54) e índice de diversidade de Shannon (H= 0,41) na exploração de cabaça biológica.

O resultado baseado na abundância relativa de polinizadores em sistemas de cultivo biológico de cabaça revelou 590 polinizadores de sete espécies. Foi observada uma maior abundância relativa (24,34 %), com equidade de espécies (J= 0,73), riqueza de espécies (R= 1,63) e índice de diversidade de Shannon (H= 1,41) na exploração biológica (Quadro 4.5). Alguns dos insectos também foram observados como herbívoros e polinizadores.

4.1.5 Diversidade de insectos e ácaros diurnos e noturnos na cabaça de garrafa biológica

A diversidade de vários artrópodes visitantes associados à cabaça de garrafa no sistema de agricultura biológica foi categorizada em visitantes diurnos e noturnos. Os dados sobre a população de artrópodes (Quadro 4.6) revelaram que as culturas de cabaça de garrafa no sistema de agricultura biológica foram visitadas por 42 espécies de artrópodes. Entre estes, os visitantes diurnos foram dominados por 35 espécies de 29 famílias de 12 ordens. Enquanto que cinco espécies nocturnas pertencentes a quatro famílias de três ordens foram observadas em ambos os anos. As espécies *Gryllus* spp. da família Gryllidae de Orthoptera, *A. foveicollis*, *A. intermedia* da família Chrysomelidae de Coleopteran, *H. armigera* e *D. indica* da família Noctuidae e Crambidae respetivamente, da ordem Lepidoptera.

Quadro 4.6: Diversidade de insectos e ácaros diurnos na cabaça biológica

Sr. Não.	Encomendar	Família	Nome científico	Número		
				2020	2021	Total
I. Diurno						
1.	Hemípteros	Aleyrodidae	*Bemisia tabaci* Gennadius	86	72	158
		Alydidae	*Riptortis pedestris* Fabricius	42	58	100
		Aphididae	*Aphis gossypii* Glover	217	253	470
		Cicadellidae	*Empoasca kerri* Pruthi	87	80	167
		Lygaeidae	*Geocoris tricolor* Fabricius	16	11	27
			Lygaeus hospes Fabricius	09	09	18
		Mirídeos	*Nesidiocoris* spp.	289	254	543
		Pyrrhocoridac	*Dysdercus cingulatus* Fabricius	12	10	22
		Plataspididae	*Coptosoma cribraria* Fabricius	108	117	225
		Pentatomídeos	*Nezara virudula* Linnaeus	67	51	118
		Reduvidae	*Rhynocoris fuscipes* Fabricius	04	05	09
2.	Dermápteros	Labidurídeos	*Labidura riparia* (Pallas)	08	12	20
3.	Mantodea	Mantidae	*Mantis religiosa* Casal	03	02	05
4.	Odonata	Libullelidae	*Pantala flavescens* (Fabricius)	07	06	13
			Orthetrum sabina (Drury)	06	04	10
5.	Ortópteros	Pyrgomorphidae	*Atractomorpha crenulata* Fabricius	11	09	20
			Oecanthus indicus (Saussure)	21	17	38
6.	Coleópteros	Coccinellidae	*Coccinella transversalis* Fabricius	47	58	105
			Cheilomenes sexmaculata Fabricius	111	121	232
			Illeis cincta Fabricius	06	04	10
		Nitidulidae	*Haptones* spp.	213	178	391

Quadro 4.6: Contd...

Sr. Não.	Encomendar	Família	Nome científico	2020	2021	Total
7.	Dípteros	Agromyzidae	*Liriomyza trifoli* Burgess	18	12	30
		Tefritídeos	*Bactrecra (Dacus) cucurbitae* (Coquillet)	184	201	385
8.	Hymenoptera	Apídeos	*Apis dorsata* Fabricius	97	89	186
			Apis cerana indica Fabricius	27	31	58

		Formicidae	*Camponotus compressus* Fabricius	74	67	141
		Ichneumonidae	*Ichneumonidae* sp.	02	04	06
		Megachilidae	*Megachile (Eutricharaea)* sp. (Bingham, 1897)	07	08	15
		Xilocopídeos	*Xylocopa* sp. (Fabricius, 1798)	09	05	14
9.	Lepidópteros	Pterophoridae	*Sphenarches anisodactylus*	19	22	41
		Crambidae	*Spoladea recurvallis* Fabricius	03	07	10
		Nymphalidae	*Danaus chrysippus* Linnaeus	11	15	26
		Pierídeos	*Eurema hecabe* Linnaeus	14	12	26
10.	Neuroptera	Chrysopidae	*Chrysoperla carnea* Stephens	10	08	18
11.	Acarina	Tetranychidae	*Tetranychus urticae* Koch	198	164	362
12.	Araneae	Araneidae	*Argiope anasuja* (Thorell)	08	19	27
		Oxyopidae	*Oxyopes birmanicus* (Thorell)	10	18	28
			N.º de espécies (S)	37	37	37
			N.º de géneros	36	36	36
			N.º de famílias	31	31	31
			N.º de encomendas	12	12	12
N				2061*	2013*	4074*
			J	0.81	0.82	0.81
R				9.56	9.56	9.56
H				2.88	2.90	2.89

Nota: S- Nº de espécies, N- Nº total de indivíduos em todas as espécies, J- Equivalência das espécies, R- Riqueza das espécies, H- Índice de Shannon-Wiener
***Número de indivíduos por 300 plantas e 12 datas de amostragem, ácaros registados em 2cm^2 área foliar**

Quadro 4.7: Diversidade de insectos e ácaros noturnos na cabaça biológica

Sr. Não.	Encomendar	Família	Nome científico	2020	2021	Total (2020-2021)
I. Nocturna						
1.	Coleópteros	Chrysomelidae	*Aulacophora foveicollis* Lucas	483	378	861
			Aulacophora intermedia Jacoby	17	21	38
2.	Lepidópteros	Crambidae	*Diaphania indica* Saunders	09	11	20
		Noctuidae	*Helicoverpa armigera* Hubner	23	20	43

3.	Ortópteros	Gryllidae	*Gryllus* sp.	34	23	57
			N.º de espécies (S)	05	05	05
			N.º de géneros	04	04	04
			N.º de famílias	04	04	04
			N.º de encomendas	03	03	03
N				*566	442*	1019*
			J	0.38	0.38	0.38
R				2.89	2.89	2.89
H				0.61	0.61	0.61
Nota: S- Nº de espécies, N- Nº total de indivíduos em todas as espécies, J- Equivalência das espécies, R- Riqueza das espécies, H- Índice de Shannon-Wiener						

4.1.6 População mensal e abundância relativa de insectos e ácaros na cabaça biológica

Em março, foi registado um total de 29 espécies (1084 populações de insectos) na unidade de agricultura biológica (Quadro 4.8). Entre estas 29 espécies, *A. foveicollis* foi a mais abundante, com uma abundância relativa de 25,66% (281), seguida de *Nesidiocoris* spp. com 13,97% (153), *T. urticae* 10,23% (112), *Haptones* spp. com 9,95% (109) e *A. Gossypii* 9,68% (106) registadas com maior frequência.

Em abril, foi registado um total de 41 espécies (1077 populações de insectos) na unidade de agricultura biológica. Entre estas 41 espécies, *A. foveicollis* foi a mais abundante, com uma abundância relativa de 15,26% (163), seguida de *Nesidiocoris* spp. com 10,86% (116), *B. cucurbitae* 10,30% (110), *A. Gossypii* 9,27% (99), *Haptones* spp. com 8,52% (91) registadas com maior frequência (Quadro 4.9).

Quadro 4.8: População e abundância relativa de insectos e ácaros em cabaça de garrafa durante março de 2020

N.º Sr.	Espécies de insectos e ácaros	População	Abundância relativa (%)
1.	*Bemisia tabaci*	31	2.83
2.	*Riptortis pedestris*	18	1.64
3.	*Aphis gossypii*	106	9.68
4.	*Geocoris tricolor*	09	0.82
5.	*Hospedeiros de Lygaeus*	03	0.27
6.	*Empoasca kerri*	42	3.84
7.	*Nesidiocoris* spp.	153	13.97
8.	*Dysdercus cingulatus*	07	0.64
9.	*Nezara virudula*	11	1.00
10.	*Gryllus* spp.	13	1.19
11.	*Aulacophora foveicollis*	281	25.66
12.	*Aulacophora intermedia*	09	0.82
13.	*Coccinella transversalis*	19	1.74
14.	*Cheilomenes Sexmaculata*	67	6.12
15.	*Haptones* spp	109	9.95
16.	*Liriomyza trifoli*	11	1.00
17.	*Camponotus compressus*	34	3.11
18.	*Diaphania indica*	04	0.37
19.	*Tetranychus urticae*	112	10.23

20.	*Argiope anasuja*	03	0.27
21.	*Oxyopes birmanicus*	08	0.73
22.	*Labidura riparia*	06	0.46
23.	*Louva-a-deus religiosa*	03	0.27
24.	*Atractomorpha crenulata*	08	0.73
25.	*Gryllus* sp.	05	0.37
26.	*Rhynocoris fuscipes*	03	0.27
27.	*Danaus chrysippus*	04	0.37
28.	*Eurema hecabe*	08	0.73
29.	*Oecanthus indicus*	11	1.00
	Total	**1084**	**100**

Quadro 4.9: População e abundância relativa de insectos e ácaros na garrafa cabaça durante o mês de abril de 2020

N.º Sr.	Espécies de insectos e ácaros	População	Abundância relativa (%)
1.	*Bemisia tabaci*	34	3.18
2.	*Riptortis pedestris*	22	2.06
3.	*Aphis gossypii*	99	9.27
4.	*Geocoris tricolor*	07	0.66
5.	*Hospedeiros de Lygaeus*	04	0.37
6.	*Empoasca kerri*	39	3.65
7.	*Nesidiocoris* spp.	116	10.86
8.	*Dysdercus cingulatus*	05	0.47
9.	*Coptosoma cribraria*	16	1.50
10.	*Nezara virudula*	33	3.09
11.	*Labidura riparia*	02	0.19
12.	*Pantala flavescens*	03	0.28
13.	*Orthetrum sabina*	06	0.56
14.	*Atractomorpha crenulata*	03	0.28
15.	*Gryllus* spp.	16	1.50
16.	*Aulacophora foveicollis*	163	15.26
17.	*Aulacophora intermedia*	06	0.56
18.	*Coccinella transversalis*	21	1.97
19.	*Cheilomenes Sexmaculata*	56	5.24
20.	*Illeis cincta*	06	0.56
21.	*Haptones* spp.	91	8.52
22.	*Liriomyza trifoli*	04	0.37
23.	*Diaphania indica*	05	0.47
24.	*Spoladea recurvallis*	03	0.28
25.	*Danaus chrysippus*	07	0.66
26.	*Eurema hecabe*	06	0.56
27.	*Tetranychus urticae*	46	4.31
28.	*Helicoverpa armigera*	12	1.12
29.	*Sphenarches anisodactylus*	08	0.75
30.	*Bactrecra (Dacus) cucurbitae*	110	10.30

31.	*Apis dorsata*	43	4.03
32.	*Apis cerana indica*	20	1.87
33.	*Camponotus compressus*	36	3.37
34.	*Ichneumonidae* spp.	02	0.19
35.	*Oecanthus indicus*	09	0.83
36.	*Chrysoperla carnea*	07	0.66
37.	*Rhynocoris fuscipes*	01	0.09
38.	*Argiope anasuja*	05	0.47
39.	*Oxyopes birmanicus*	02	0.19
40.	*Megachile (Eutricharaea)* sp.	04	0.46
41.	*Xylocopa* sp.	05	0.37
	Total	**1077**	**100.00**

Em maio, foi registado um total de 25 espécies (466 populações de insectos) na unidade de agricultura biológica. Entre estas 25 espécies, *C. cribraria* foi a mais abundante, com uma abundância relativa de 20,26% (92), seguida de *B. cucurbitae* 16,30% (74), *A. foveicollis* 9,47% (43), *Nesidiocoris* spp. com 4,41% (20) e *Haptones* spp. com 2,86% (13), registadas com maior frequência (Quadro 4.10).

Quadro 4.10: População e abundância relativa de insectos e ácaros em cabaça de garrafa durante maio de 2020

N.º Sr.	Espécies de insectos e ácaros	População	Abundância relativa (%)
1.	*Bemisia tabaci*	21	4.63
2.	*Riptortis pedestris*	02	0.44
3.	*Aphis gossypii*	12	2.64
4.	*Hospedeiros de Lygaeus*	02	0.44
5.	*Empoasca kerri*	06	1.32
6.	*Nesidiocoris* spp.	20	4.41
7.	*Aulacophora foveicollis*	43	9.47
8.	*Aulacophora intermedia*	02	0.44
9.	*Coccinella transversalis*	07	1.54
10.	*Cheilomenes sexmaculata*	11	2.42
11.	*Haptones* spp.	13	2.86
12.	*Liriomyza trifoli*	03	0.66
13.	*Bactrecra (Dacus) cucurbitae*	74	16.30
14.	*Helicoverpa armigera*	10	2.20
15.	*Tetranychus urticae*	40	8.81
16.	*Sphenarches anisodactylus*	11	2.42
17.	*Coptosoma cribraria*	92	20.26
18.	*Nezara virudula*	23	5.07
19.	*Pantala flavescens*	01	0.22
20.	*Chrysoperla carnea*	03	0.66
21.	*Camponotus compressus*	04	0.88
22.	*Apis dorsata*	54	11.89
23.	*Apis cerana indica*	07	4.63
24.	*Megachile (Eutricharaea)* sp.	03	0.66

25.	*Xylocopa* sp.	04	0.88
	Total	**466**	**100**

Nas condições de agricultura biológica (Quadro 4.11 e Fig. 4.4), a maior distribuição de insectos e ácaros, 41,52%, foi observada durante o mês de março, seguida de 40,90% em abril e a menor 17,58% foi registada durante o mês de maio. Assim, a população de espécies foi registada em 1084, 1077 e 466 durante março, abril e maio, respetivamente. Foi registado um total de 2627 espécies durante 2020.

Quadro 4.11: População mensal e abundância relativa de insectos e ácaros na cabaça de garrafa durante 2020

N.º Sr.	Meses	População de espécies	Abundância relativa (%)
1.	março	1084	41.52
2.	abril	1077	40.90
3.	maio	466	17.58
	Total	**2627**	**100**

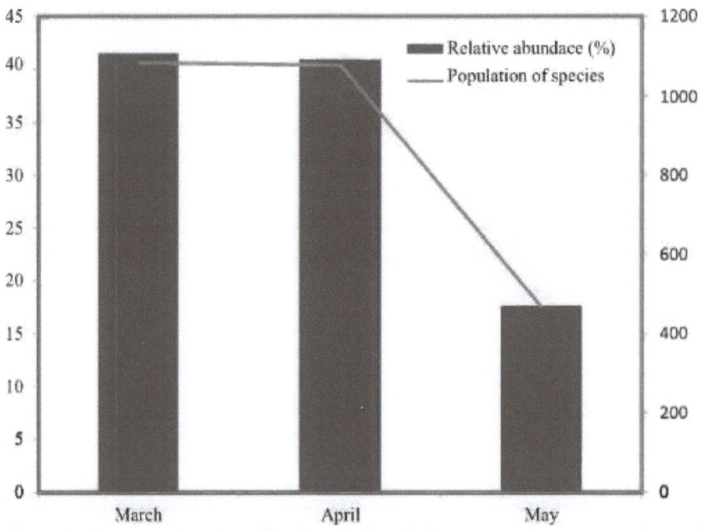

Fig. 4.4: População mensal e abundância relativa de insectos e ácaros na cabaça de garrafa durante 2020

Em março, foi registado um total de 28 espécies na unidade de agricultura biológica (Quadro 4.12). Entre estas 28 espécies, *A. foveicollis* foi a mais abundante, com uma abundância relativa de 20,32% (205), seguida de *Nesidiocoris* spp. com 12,78% (129), *A. Gossypii* 12,19% (123), *T. urticae* 9,59% (96), *Haptones* spp com 8,92% (90) e registadas com maior frequência.

Quadro 4.12: População e abundância relativa de insectos e ácaros em cabaça de garrafa durante março de 2021

N.º Sr.	Espécies de insectos e ácaros	População	Abundância relativa (%)
1.	*Bemisia tabaci*	28	2.78

2.	*Riptortis pedestris*	19	1.88
3.	*Aphis gossypii*	123	12.19
4.	*Geocoris tricolor*	08	0.79
5.	*Hospedeiros de Lygaeus*	04	0.40
6.	*Empoasca kerri*	24	2.30
7.	*Nesidiocoris* spp.	129	12.78
8.	*Dysdercus cingulatus*	03	0.30
9.	*Nezara virudula*	32	3.17
10.	*Gryllus* spp.	23	2.28
11.	*Aulacophora foveicollis*	205	20.32
12.	*Aulacophora intermedia*	12	1.19
13.	*Coccinella transversalis*	28	2.78
14.	*Cheilomenes sexmaculata*	87	8.62
15.	*Haptones* spp	90	8.92
16.	*Liriomyza trifoli*	07	0.69
17.	*Camponotus compressus*	26	2.58
18.	*Tetranychus urticae*	96	9.59
19.	*Argiope anasuja*	07	0.69
20.	*Oxyopes birmanicus*	11	1.09
21.	*Labidura riparia*	05	0.50
22.	*Louva-a-deus religiosa*	02	0.20
23.	*Atractomorpha crenulata*	03	0.30
24.	*Gryllus* sp.	17	1.68
25.	*Rhynocoris fuscipes*	02	0.20
26.	*Danaus chrysippus*	06	0.59
27.	*Eurema hecabe*	04	0.40
28.	*Oecanthus indicus*	08	0.79
	Total	**1001**	**100.00**

Em abril, foi registado um total de 42 espécies na unidade de agricultura biológica (Quadro 4.13). Entre estas 42 espécies, *A. foveicollis* foi a mais abundante, com uma abundância relativa de 12,08% (132), seguida de *B. cucurbitae* com 11,71% (128), *Nesidiocoris* spp. 10,61% (116), *A. Gossypii* 9,33% (102), *Haptones* spp. com 7,50% (82) registadas com maior frequência.

Quadro 4.13: População e abundância relativa de insetos e ácaros em cabaça de garrafa durante o mês de abril de 2021

N.º Sr.	Espécies de insectos e ácaros	População	Abundância relativa (%)
1.	*Bemisia tabaci*	31	2.84
2.	*Riptortis pedestris*	36	3.29
3.	*Aphis gossypii*	102	9.33
4.	*Geocoris tricolor*	03	0.27
5.	*Hospedeiros de Lygaeus*	04	0.37
6.	*Empoasca kerri*	31	2.84
7.	*Nesidiocoris* spp.	116	10.61
8.	*Dysdercus cingulatus*	07	0.64

9.	*Coptosoma cribraria*	23	2.10
10.	*Nezara virudula*	19	1.74
11.	*Labidura riparia*	07	0.64
12.	*Pantala flavescens*	03	0.27
13.	*Orthetrum sabina*	04	0.37
14.	*Atractomorpha crenulata*	06	0.55
15.	*Gryllus* spp.	16	1.46
16.	*Aulacophora foveicollis*	132	12.08
17.	*Aulacophora intermedia*	09	0.82
18.	*Coccinella transversalis*	30	2.74
19.	*Cheilomenes sexmaculata*	34	3.11
20.	*Illeis cincta*	04	0.37
21.	*Haptones* spp.	82	7.50
22.	*Liriomyza trifoli*	05	0.46

Quadro 4.13: Contd...

N.º Sr.	Espécies de insectos e ácaros	População	Abundância relativa (%)
23.	*Diaphania indica*	11	1.01
24.	*Spoladea recurvallis*	07	0.64
25.	*Danaus chrysippus*	09	0.82
26.	*Eurema hecabe*	08	0.73
27.	*Tetranychus urticae*	46	4.21
28.	*Helicoverpa armigera*	17	1.56
29.	*Sphenarches anisodactylus*	13	1.19
30.	*Bactrecra (Dacus) cucurbitae*	128	11.71
31.	*Apis dorsata*	63	5.76
32.	*Apis cerana indica*	16	1.46
33.	*Camponotus compressus*	31	2.84
34.	*Ichneumonidae* spp.	04	0.37
35.	*Pantala flavescens*	04	0.37
36.	*Chrysoperla carnea*	03	0.27
37.	*Rhynocoris fuscipes*	03	0.27
38.	*Argiope anasuja*	12	1.10
39.	*Oxyopes birmanicus*	07	0.64
40.	*Megachile (Eutricharaea)* sp.	02	0.17
41.	*Xylocopa* sp.	03	0.27
42.	*Oecanthus indicus*	09	0.64
	Total	1019	100.00

Em maio, foi registado um total de 25 espécies na unidade de agricultura biológica (Quadro 4.14). Entre estas 25 espécies, *C. cribraria* foi a mais abundante, com uma abundância relativa de 20,40% (91), seguida de *Haptones* spp com 16,63% (73), *B. cucurbitae* 10,02% (44), *A. foveicollis* 9,34% (41), registadas com maior frequência.

Quadro 4.14: População e abundância relativa de insectos e ácaros em cabaça de garrafa durante maio de 2021

N.º Sr.	Espécies de insectos e ácaros	População	Abundância relativa (%)

1.	*Bemisia tabaci*	13	2.96
2.	*Riptortis pedestris*	03	0.68
3.	*Aphis gossypii*	28	6.38
4.	*Hospedeiros de Lygaeus*	01	0.23
5.	*Empoasca kerri*	25	5.69
6.	*Nesidiocoris* spp.	15	3.42
7.	*Aulacophora foveicollis*	41	9.34
8.	*Coccinella transversalis*	06	1.37
9.	*Cheilomenes sexmaculata*	03	0.68
10.	*Haptones* spp.	73	16.63
11.	*Liriomyza trifoli*	03	0.68
12.	*Bactrecra (Dacus) cucurbitae*	44	10.02
13.	*Helicoverpa armigera*	09	2.05
14.	*Tetranychus urticae*	44	9.87
15.	*Sphenarches anisodactylus*	23	5.24
16.	*Coptosoma cribraria*	91	20.40
17.	*Nezara virudula*	05	1.14
18.	*Pantala flavescens*	10	2.28
19.	*Chrysoperla carnea*	26	5.92
20.	*Camponotus compressus*	15	3.42
21.	*Apis dorsata*	10	2.28
22.	*Apis indica*	13	2.96
23.	*Megachile (Eutricharaea)* sp.	06	1.37
24.	*Xylocopa* sp.	02	0.46
25.	*Oecanthus indicus*	08	0.73
	Total	**446**	**100.00**

Em condições de agricultura biológica, a distribuição mais elevada de 41,30% de insectos e ácaros foi observada durante o mês de abril, seguida de 40,81% em março e a mais baixa de 17,90% foi registada durante o mês de maio. Foi registado um total de 2453 espécies durante 2021 (Quadro 4.15 e Fig. 4.5).

Quadro 4.15: População mensal e abundância relativa de insectos e ácaros em cabaça de garrafa durante 2021

N.º Sr.	Meses	População de espécies	Abundância relativa (%)
1.	março	1001	40.81
2.	abril	1019	41.30
3.	maio	446	17.90
	Total	**2453**	**100.00**

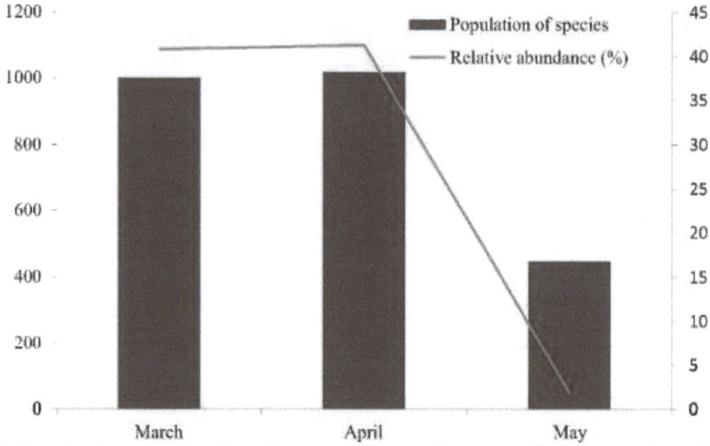

Fig. 4.5: População mensal e abundância relativa de insectos e ácaros na cabaça de garrafa durante 2021

4.1.7 Distribuição por espécie dos insectos polinizadores da cabaça em diferentes famílias

A distribuição por espécie de insetos polinizadores em diferentes famílias de culturas de cabaça de garrafa foi elaborada e classificada conforme indicado na Tabela 4.16 e representada na Fig. 4.6 Durante o presente estudo, um total de 19 espécies e 17 gêneros de diferentes insetos polinizadores foram registrados na cultura de cabaça de garrafa durante o verão de 2020 e 2021, que pertencia a um total de 14 famílias em cinco ordens *viz.*, Hymenoptera, Dipteral, Lepidoptera, Hemiptera e Coleoptera. De acordo com a distribuição por ordem, verificou-se que a ordem Coleoptera era dominante, seguida de Hymenoptera, Lepidoptera, Hemiptera e Diptera. No entanto, no que diz respeito à distribuição por espécies, em Coleoptera, a família Chrysomelidae atingiu três espécies (15,79%) em três géneros (17,65%), seguida de Chrysomelidae com duas espécies (10,53%), Nitidulidae com uma espécie (5,88%) em dois géneros (5,88%) em cada família. No caso dos Hymenoptera, a família Apidae com duas espécies (10,53%), Formicidae, Megachilidae e xylocopidae com uma espécie (5,26%) e um género (5,88%) em cada família.

No caso dos Lepidoptera, quatro espécies diferentes com quatro géneros foram distribuídas por três famílias diferentes, *nomeadamente* Crambidae com 10,53% de espécies e 11,76% de géneros, Nymphalidae e Pieridae com 5,26% e 5,88% de cada espécie e género, respetivamente (Quadro 4.16 e Fig. 4.6).

Os presentes resultados são encontrados em confirmação com o trabalho de Revanasidda e Belavadi (2019), que relataram que as flores de muskmelon foram visitadas por 16 espécies de insetos, distribuídas em três ordens e seis famílias, entre as quais 13 espécies de himenópteros, duas de lepidópteros e uma de dípteros. É provável que os resultados do presente trabalho estejam de acordo com os de Bhardwaj e Srivastava (2012), que referiram 20 espécies de polinizadores distribuídas por Hymenoptera, Lepidopteran e Diptera, enquanto que, contraditoriamente, também referiram uma espécie de Hemipteran e duas espécies de insectos odonatos na flor de cabaça em Bikaner. Enquanto no caso da cabaça de crista, a distribuição dos insectos polinizadores em himenópteros, dípteros, lepidópteros, odonatos, ortópteros e hemípteros foi relatada por Bhardwaj e Srivastava (2012), os resultados são afirmativos e contraditórios com os resultados da presente investigação. Os resultados contraditórios podem dever-se às diferentes situações ambientais do local de investigação.

Quadro 4.16: Distribuição das espécies de insectos polinizadores em diferentes famílias na cultura da cabaça

N.º Sr.	Encomendar	Família	Géneros		Espécies		Encomendar
			Número	%	Número	%	%
1.	Hymenoptera	Apídeos	1	5.88	2	10.53	26.31
		Formicidae	1	5.88	1	5.26	
		Megachilidae	1	5.88	1	5.26	
		Xilocopídeos	1	5.88	1	5.26	
2.	Dípteros	Tefritídeos	1	5.88	1	5.26	5.26
3.	Lepidópteros	Nymphalidae	1	5.88	1	5.26	21.05
		Pierídeos	1	5.88	1	5.26	
		Crambidae	2	11.76	2	10.53	
4.	Hemípteros	Mirídeos	1	5.88	1	5.26	15.18
		Pentatomídeos	1	5.88	1	5.26	
		Pyrrhocoridae	1	5.88	1	5.26	
5.	Coleópteros	Nitidulidae	1	5.88	1	5.26	31.58
		Coccinellidae	3	17.65	3	15.79	
		Chrysomelidae	1	5.88	2	10.53	
	05	**14**	**17**	**100.00**	**19**	**100.00**	**100.00**

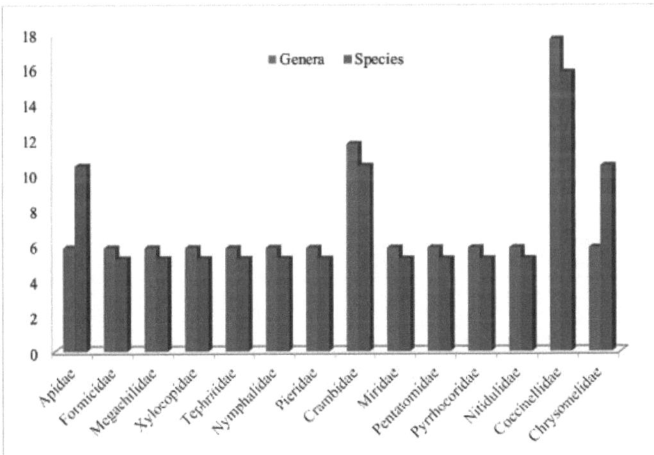

Fig. 4.6: Distribuição familiar dos insectos polinizadores na cabaça

4.1.8 Abundância de insectos polinizadores da cabaça biológica

As observações dos insectos polinizadores foram registadas num intervalo de quinze dias desde o início da floração até ao fim da floração na cultura biológica de cabaça de garrafa durante a época de verão de 2020 e 2021. Os dados foram somados e analisados. Os resultados assim obtidos são apresentados na Tabela 4.17. Os dados apresentados na Tabela

4.17 revelaram que um total de 3194 insetos polinizadores de culturas orgânicas de cabaça de garrafa foram observados durante a temporada de verão de 2020 e 2021. Entre os quais 1607 insetos foram relatados em Coleoptera com três famílias diferentes, seguidos por Hemiptera (683) de três famílias, Hymenoptera (414) de quatro famílias, Lepidoptera (143) de três famílias e Diptera (385) de apenas uma família.

Os dados apresentados no Quadro 4.17 mostram que foram registados 3194 insectos polinizadores de três ordens diferentes; entre os quais os polinizadores Coleópteros foram considerados os mais abundantes, com 31,58% de abundância na cultura da cabaça, seguidos por Hymenoptera com 26,31%, Lepidoptera com 21,05%, Hemiptera e Diptera com 15,18% e 5,26% de abundância, respetivamente. A família Coccinellidae, com maior número de espécies, foi a mais abundante, com 17,65% de insectos polinizadores, seguida de Chrysomelidae e Nitidulidae (5,88%) da ordem Coleoptera. A família Crambidae (11,76%) foi abundante entre a ordem Lepidoptera, seguida por Nymphalidae e Pieridae (5,88%). No entanto, entre os Hymenoptera, todas as famílias partilham a mesma abundância com 5,88%. A ordem decrescente de abundância das famílias de diferentes insectos polinizadores foi registada como Coccinelidae > Crambidae > Chrysomelidae > Nitidulidae > Nymphalidae > Pieridae > Apidae > Formicidae > Megachilidae > Xylocopidae > Tephritidae > Miridae > Pentatomidae e Pyrrhocoridae.

Hymenoptera

Dez insectos polinizadores de himenópteros foram amostrados em culturas de cabaça de garrafa na fase de floração durante a época de verão de 2020 e 2021. Entre os polinizadores himenópteros, *Apis dorsata* (186 populações) foi encontrado o mais abundante com 5,82 por cento na cultura de cabaça de garrafa, seguido por *Camponotus compressus* (141) e *Apis cerana indica* (58) com 4,41 e 1,82 por cento de abundância, respetivamente, como espécies muito comuns. Enquanto que três espécies, *Xylocopa fenestrata* (14), *Megachile (Eutricharaea) hera* (15) com 0,47 e 0,44 por cento de abundância foram observadas na cultura de cabaça (Quadro 4.17).

Quadro 4.17: Diversidade de insectos polinizadores na cabaça biológica durante a época de verão de 2020 e 2021

Sr. Não.	Nome dos insectos polinizadores	Número de insectos polinizadores	Abundância %
Hymenoptera			
1	*Apis dorsata* (Fabricius, 1793)	186	5.82
2	*Apis cerana indica* (Fabricius, 1793)	58	1.82
3	*Camponotus compressus* Fabricius	141	4.41
4	*Xylocopa* sp. *(Fabricius, 1798)*	14	0.47
5	*Megachile (Eutricharaea)* sp. *(Bingham, 1897')*	15	0.44
Dípteros			
6	*Bactrecra (Dacus) cucurbitae* (Coquillet)	385	12.05
Hemípteros			
8	*Dysdercus cingulatus* Fabricius	22	0.69
9	*Nezara virudula* Linnaeus	118	3.69
Coleópteros			

11	*Cheilomenes sexmaculata* Fabricius	232	7.26
12	*Coccinella transversalis* Fabricius	105	3.29
13	*Illeis cincta Fabricius*	10	0.31
14	*Aulacophora intermedia* Jacoby	38	1.19
15	*Aulacophora foveicollis* Lucas	861	26.96
Lepidópteros			
17	*Spoladea recurvallis* Fabricius	18	0.56
18	*Danaus chrysippus* Linnaeus	23	0.72
19	*Eurema hecabe* Linnaeus	14	0.44
Total		3194	100.00
Índice de Shanon - 1,07 Equilíbrio - 0,87			

Dípteros

Apenas um inseto polinizador díptero foi amostrado na cultura de cabaça de garrafa na fase de floração durante a época de verão de 2020 e 2021. Os resultados dos polinizadores dípteros apresentados no quadro 4.17 mostram que a mosca da fruta do melão, *Bactrocera cucurbitae* (385), foi considerada a espécie de polinizador díptero mais abundante, com 12,05% de abundância na cabaça.

Hemípteros

Três insectos polinizadores hemípteros foram recolhidos em culturas de cabaça biológica durante a época de verão de 2020 e 2021. Os resultados dos polinizadores hemípteros apresentados na Tabela 4.17 mostraram que a espécie *Nesidiocoris* spp. (543) foi encontrada como a espécie polinizadora hemíptera mais abundante com 17,00 por cento de abundância, seguida por uma espécie *Nezara virudula* (118) com 3,69 por cento de abundância como espécie comum.

Lepidópteros

Os lepidópteros ocuparam a quarta posição com três espécies diferentes de insectos polinizadores em cabaça de garrafa durante a época de verão de 2020 e 2021. Entre os lepidópteros, *Danaus chrysippus* (23) foi encontrado o mais abundante com 0,72 por cento seguido por *Diaphania indica* (20) com 0,63 por cento de abundância de espécies na cultura de cabaça de garrafa. Enquanto que três espécies, *Spoladea recurvallis* (18) e *Eurema hecabe* (14), com 0,56 e 0,44 por cento de abundância, são espécies raras na cultura da cabaça (Quadro 4.17).

Coleópteros

Seis insectos polinizadores Coleópteros foram amostrados em culturas de cabaça de garrafa durante a época de verão de 2020 e 2021. Entre os polinizadores Coleópteros, *Aulacophora foveicollis* (861 populações) foi encontrado o mais abundante com 26,96 por cento de abundância na cultura de cabaça de garrafa seguido por *Haptones* spp. (391), *Cheilomenes sexmaculata* (232) e *Coccinella transversalis* (105) com 12,24, 7,26 e 3,29 por cento de abundância, respetivamente, como espécies muito comuns. Enquanto que duas espécies, *Aulacophora intermedia* (38) e *Illeis cincta* (10), com 1,19 e 0,31 por cento de abundância, foram observadas na cultura da cabaça (Quadro 4.17).

Riqueza de espécies, equidade de espécies e índice de diversidade de espécies

O índice de diversidade de Shannon e a equidade das espécies de insectos polinizadores do melão-melão foram registados como 1,07 e 0,87, respetivamente. O índice de equidade das espécies (0,87), com uma grande variação em direção a um, indica uma enorme desigualdade de espécies na comunidade. A desigualdade das espécies também se reflectiu na variação da abundância entre 1,18 e 16,90 por cento (Quadro 4.17).

O trabalho de Jadhav *et al.* (2010) está em estreita confirmação com o presente estudo, com uma elevada riqueza de espécies de Hymenoptera seguida de Lepidoptera e Coleoptera em Tirupati, (Andhra Pradesh). Os resultados são mais ou menos comparáveis com os resultados de Belavadi (2015) em Karnataka, que elaborou um índice de diversidade (H'=2,49; D=0,90) para insectos polinizadores de melão.

Os resultados do presente trabalho estão em contradição com os de Padhiyar e Patel (2021), que referem que a cabaça, no caso dos visitantes florais, foi visitada por um total de nove espécies de polinizadores pertencentes a oito famílias e cinco ordens. As espécies constituíam quatro lepidópteros, dois coleópteros e um de cada Hemiptera, ortóptero e Odonata. Entre todos os insectos visitantes, os lepidópteros foram os principais visitantes (44,44%), seguidos de Coleoptera (22,22%), Hemiptera (11,11%), Orthoptera (11,11%) e Odonata (11,11%). Entre todas as espécies, *Nesidiocoris* spp. foi a predominante (37,65%) seguida por *Haptones* spp. e *Aulacophora foveicollis* constituindo 31,76% e 9,41%, respetivamente. Kannagi *et al.* (2013) indicaram uma menor variação entre as espécies em comunidades com um índice de uniformidade de espécies mais elevado. Do mesmo modo, Bashir *et al.* (2015) registaram os valores mais elevados do índice de Simpson (0,94) e do índice de Shannon (3,48) durante o verão num ecossistema florestal no sul do Punjab, Paquistão. Tal pode dever-se à alteração do ecossistema para os insectos polinizadores, uma vez que, no trabalho anterior realizado num ecossistema florestal, os insectos polinizadores obtiveram um tipo de flora diversificado.

4.2 INVENTÁRIO GERAL DE INSECTOS E ÁCAROS DA CABAÇA DE GARRAFA NO SUL DE GUJARAT

Foram feitas recolhas de diferentes insectos e ácaros da cultura de cabaça de garrafa cultivada na Unidade de Agricultura Biológica, ASPEE College of Horticulture and Forestry, Navsari Agricultural University, Navsari, Gujarat, Índia. Foi elaborado um inventário de insectos e ácaros. Em Gujarat, faltavam informações pormenorizadas sobre os insectos e ácaros da cabaça de garrafa. Os resultados obtidos através da recolha consolidada de uma variedade de insectos e ácaros de cabaças biológicas nas diferentes fases durante o verão de 2020 e 2021 são apresentados como um inventário geral de insectos e ácaros de cabaças no quadro 4.18.

Quadro 4.18: Inventário geral de insectos e ácaros da cabaça biológica

Sr. Não.	Encomendar	Família	Nome científico	Papel funcional
A. Ordens de insectos exopterygotanos				
1.	Hemípteros	Aleyurodidae	*Bemisia tabaci* Gennadius	Herbívoro
		Alydidae	*Riptortis pedestris* Fabricius	Herbívoro
		Aphididae	*Aphis gossypii* Glover	Herbívoro
		Cicadellidae	*Empoasca kerri* Pruthi	Herbívoro
		Lygaeidae	*Geocoris tricolor* Fabricius	Predador
			Spilostethushospes Fabricius	Herbívoro
		Mirídeos	*Nesidiocoris* spp.	Polinizadores
		Pyrrhocoridae	*Dysdercuscingulatus* Fabricius	Herbívoro
		Plataspididae	*Coptosomacribraria*	Herbívoro

			Fabricius	
		Pentatomídeos	*Nezara virudula* Linnaeus	Herbívoro
		Reduvidae	*Rhynocorisfuscipes* Fabricius	Predador
2.	Dermápteros	Labidurídeos	*Labidura riparia* (Pallas)	Predador
3.	Mantodea	Mantidae	*Mantis religiosa* Casal	Predador
4.	Odonata	Libullelidae	*Pantalaflavescens* (Fabricius)	Predador
			Orthetrum sabina (Drury)	Predador
5.	Ortópteros	Pyrgomorphidae	*Atractomorpha crenulata* Fabricius	Herbívoro
		Gryllidae	*Oecanthusindicus* (Saussure)	Herbívoro
			Gryllus sp.	Herbívoro
B. Ordens de insectos endopterigotos				
6.	Coleópteros	Chrysomelidae	*Aulacophora foveicollis* Lucas	Herbívoro
			Aulacophora intermedia Jacoby	Herbívoro
		Coccinellidae	*Coccinella transversalis* Fabricius	Predador
			Cheilomenes sexmaculata Fabricius	Predador
			Illeis cincta Fabricius	Predador
		Nitidulidae	*Haptones* spp.	Polinizadores
7.	Dípteros	Agromyzidae	*Liriomyza trifoli* Burgess	Herbívoro
		Tefritídeos	*Bactrecra (Dacus) cucurbitae* (Coquillet)	Herbívoro
8.	Hymenoptera	Apídeos	*Apis dorsata* Fabricius	Polinizadores
			Apis cerana indica Fabricius	Polinizadores
		Formicidae	*Camponotus compressus* Fabricius	Predador
		Ichneumonidae	*Ichneumonidae* sp.	Parasitoide

Quadro 4.18: Contd...

Sr. Não.	Encomendar	Família	Nome científico	Papel funcional
		Megachilidae	*Megachile* sp. (Bingham, 1897)	Polinizadores
		Xilocopídeos	*Xylocopa* sp. (Fabricius, 1798)	Polinizadores
9.	Lepidópteros	Noctuidae	*Helicoverpa armigera* (Hubner) Harderick	Herbívoro
		Pterophoridae	*Sphenarches anisodactylus* (Walker)	Herbívoro

		Crambidae	*Diaphaniaindica* Saunders	Polinizadores
			Spoladea recurvallis (Fabricius, 1775)	Polinizadores
		Nymphalidae	*Danauschrysippus* Linnaeus	Polinizadores
		Pierídeos	*Eurema hecabe* Linnaeus	Polinizadores
10.	Neuroptera	Chrysopidae	*Chrysoperlacarnea* Stephens	Predador
C. Classe: Aracnídeos				
11.	Acarina	Tetranychidae	*Tetranychus urticae* Koch	Herbívoro
12.	Araneae	Araneidae	*Argiope anasuja* (Thorell)	Predador
		Oxyopidae	*Oxy opesbirmanicus* (Thorell)	Predador
Total	**12 Encomendas**	**35 Famílias**	**42 Espécies**	**5093 Indivíduos**

A recolha de insectos e ácaros na cabaça revelou um total de 42 espécies de vários insectos e ácaros pertencentes a 12 ordens, nomeadamente Hemiptera, Dermaptera, Mantodea, Odonata, Orthoptera, Coleoptera, Diptera, Hymenoptera, Lepidoptera, Neuroptera, Acarina e Araneae. No que respeita à distribuição por ordem, verificou-se que a ordem Hemiptera é dominada por 10 famílias, *nomeadamente* Aleyurodidae, Alydidae, Aphididae, Cicadellidae, Lygaeidae, Miridae, Pyrrhocoridae, Plataspididae, Pentatomidae e Reduvidae, com 11 espécies, seguida da ordem Lepidoptera, com cinco famílias, nomeadamente Noctuidae, Pterophoridae, Crambidae, Nymphalidae e Pieridae, com seis espécies, e Hymenoptera, com cinco famílias, *a saber* Apidae, Formicidae, Ichneumonidae, Megachilidae e Xylocopidae distribuídas em seis espécies, a ordem Coleoptera com três famílias *viz*., Chrysomelidae, Coccinellidae e Nitidulidae distribuídas em seis espécies e Hymenoptera com três famílias *viz*., Apidae, Formicidae e Ichneumonidae distribuídas em quatro espécies.

4.2.1 Comparação dos insectos e ácaros da cabaça de garrafa com o estudo anterior

Durante o presente estudo, foi registado um total de 42 espécies diferentes de insectos e ácaros (quadro 4.19) e foi preparado pela primeira vez no Sul de Gujarat um inventário de insectos e ácaros da cabaça biológica. Quarenta e duas espécies de insectos e ácaros foram identificadas por taxonomistas como confirmação e os resultados assim obtidos são comparados com os trabalhos anteriores realizados em Gujarat e também na Índia (quadro 4.19).

Quadro 4.19: Comparação dos insectos e ácaros da cabaça de garrafa com um estudo anterior

Sr. Não.	Espécies	Índia	Gujarat	Presente estudo (Gujarat do Sul)
I	**Hymenoptera**			
1	*Apis cerana indica* (Fabricius, 1793)	*I*	*I*	*I*
2	*Apis dorsata* (Fabricius, 1793)	*I*	*I*	*I*

3	*Apis florea* (Fabricius, 1787)	*I*	*I*	x
4	*Apis mellifera* (Linnaeus, 1758)	*I*	*I*	x
5	*Campolestis chloridae* Uchida	*I*	x	x
6	*Camponotus compressus* (Fabricius,1787)	*I*	x	*t*
7	*Apanteles paludicole*	*I*	x	x
8	*Megachile (Eutricharaea) hera* (Bingham, 1897)	*I*	x	*t*
9	*Xylocopa fenestrata* (Fabricius, 1798)	*I*	x	*t*
10	*Xanthopimpla puntata* (Fabricius)	*I*	x	x
11	*Apanteles* sp.	*I*	x	x
12	*Pompilus* sp.	*I*	x	x
13	*Ropalidia spatulata* (Van der Vecht, 1962)	*I*	x	x
II	**Dípteros**			
14	*Bactrecra (Dacus) cucurbitae* (Coquillet)	*I*	*t*	*t*
15	*Bactrocera zonata* Saunders	*I*	*t*	x
16	*Bactrocera (=Dacus)* Frontalis Becker	*I*	*t*	x
17	*B. tau* Walker	*I*	*I*	x
18	*B. (=Dacus) ciliatus* Loew	*I*	*I*	x
19	*Liriomyza trifolii* (Burgess, 1880)	*I*	*I*	*I*
20	*Exorista larvarum* Linnaeus	*I*	x	x
21	*Promachus heteropterus* (Macquart, 1838)	*I*	x	x
22	*Sturmiopsis inferens* (Townsend, 1916)	*I*	x	x
23	*Musca domestica* (Linnaeus, 1758)	*I*	x	x
24	*Hermetia illucens* (Linnaeus, 1758)	*I*	x	x

Quadro 4.19: Contd...

Sr. Não.	Espécies	Índia	Gujarat	Presente estudo (Gujarat do Sul)
III	**Lepidópteros**			
25	*Pachliopta aristolochiae* (Fabricius,1775)	*I*	x	x
26	*Noorda moringae* (Tams, 1938)	*I*	x	x
27	*Euploea core* (Cramer, 1780)	*I*	x	x
28	*Diaphania indica* (Saunders, 1851)	*I*	*I*	*I*
29	*Spoladea recurvallis* (Fabricius,1775)	x	x	*£
30	*Trichoplusia ni* Hubner	*I*	x	x
31	*Helicoverpa armigera* Hubner	*I*	x	*t*
32	*Sphenarches anisodactylus* (Walker)	*I*	x	*t*
33	*Danaus chrysippus* Linnaeus	*I*	x	*t*
34	*Eurema hecabe* Linnaeus	*I*	x	*t*
35	*Eudocima maternal* (Linnaeus, 1767)	*I*	x	x
36	*Amatapassalis* (Fabricius)	*I*	x	x
IV	**Coleópteros**			
37	*Aulacophora (=Raphidopalpa) foveicollis* (Lucas,	*I*	*t*	*t*

	1849)			
38	*Aulacophora abdominalis* Fab.	*I*	x	x
39	*Aulacophora frntalis* Baly	*I*	x	x
40	*Aulacophora intermedia* (Jacoby, 1892)	x	x	*t*
41	*Cheilomenes sexmaculata* (Fabricius, 1781)	*t*	*t*	*t*
42	*Coccinella septempunctata* (Linnaeus,1758)	*t*	*t*	*t*
43	*Coccinella transversalis* (Fabricius,1781)	*t*	*t*	*t*
44	*Illeis cincta* (Fabricius, 1798)	x	x	*£
45	*Haptones* spp.	*t*	*t*	*t*
46	*Epilachna dodecastigma* Wied.	*t*	*t*	x
47	*Epilanchna varivestis (=corrupta)* Mulsant	*t*	x	x
48	*Epilanchna sparsa* (Hbst.)	*t*	x	x
49	*Epilanchna septima* Dieke	*I*	x	x
50	*Chlaenius bimaculatus* (Macleay, 1864)	*I*	x	x
51	*Scarites mahratta* (Andrewes, 1825)	*t*	x	x
52	*Brumoides suturalis* (Fabricius, 1798)	*I*	x	x
53	*Propylea dissecta* (Mulsant, 1850)	*I*	x	x
54	*Onthophagus laevigatus* (Fabricius, 1798)	*I*	x	x
55	*Onthophagus unifasciatus* (Schaller, 1783)	*I*	x	x
56	*Gymnophaguspallipes* (Fabricius, 1907)	*I*	x	x
57	*Sisyphus longipes* (Fabricius)	*t*	x	x
58	*Myllocerus subfasciatus* (Guerin, 1843)	*I*	x	x
59	*Attactogaster finitimus*	*I*	x	x

Quadro 4.19: Contd...

Sr. Não.	Espécies	Índia	Gujarat	Presente estudo (Gujarat do Sul)
60	*Melanotus fuscus* (Candeze, 1857)	*I*	x	x
61	*Cicindela cancellata* (Dejean, 1680)	*I*	x	x
62	*Apomecyna saltator* (Fabricius, 1787)	*I*	x	x
V	**Hemípteros**			
63	*Dysdercus cingulatus* (Fabricius, 1775)	*I*	x	*I*
64	*Aphis gossypii* (Glover, 1877)	*I*	x	*I*
65	*Empoasca kerri* (Pruthi, 1940)	*I*	*I*	*I*
66	*Riptortuss pedestris* (Fabricius, 1775)	*I*	x	*I*
67	*Bemisia tabaci* (Grnnadius, 1889)	*I*	*t*	*I*
68	*Geocoris tricolor* (Fabricius, 1798)	x	x	*£
69	*Nesidiocoris* spp.	x	*t*	*I*
70	*Coptosoma cribraria* Fabricius	x	x	*£
71	*Spilostethus hospes*(Fabricius, 1794)	x	x	*^
72	*Rhynocoris fuscipes* (Fabricius, 1787)	x	x	*^
73	*Nezara viridula*(Linnaeus, 1758)	*t*	*t*	*I*
74	*Acanthaspis siva* (Distant, 1904)	*t*	x	x

75	*Dolycoris indicus* (Stal)	*t*	x	x
76	*Scutellera nobilis* (Fabricius)	*t*	x	x
77	*Aleurodicus dispersa* (Russell, 1965)	*t*	x	x
78	*Pyrillaperpusilla* (Walker, 1851)	*t*	x	x
79	*Acanthocephala femorata* (Fabricius, 1775)	*t*	x	x
80	*Kalidasa albiflos* (Walker, 1851)	*t*	x	x
VI	**Odonata**			
81	*Pantala flavescens* (Fabricius, 1798)	x	x	*£
82	*Orthetrum sabina* (Drury, 1770)	x	x	*£
83	*Orthetrum taeniolatum* (Schneider, 1845)	*t*	x	x
84	*Ischnura aurora* (Braver, 1865)	*t*	x	x
VII	**Thysanoptera**			
85	*Thrips tabaci* (Lindeman, 1889)	*I*	*I*	*I*
VIII	**Dermápteros**			
86	*Labidura riparia* (Pallas, 1773)	x	x	*£
87	*Forficula auricularia* (Linnaeus, 1758)	*t*	x	x
IX	**Dictyoptera**			
88	*Louva-a-deus religiosa* (Linnaeus, 1758)	x	x	*£
89	*Blatta germanica* (Linnaeus, 1767)	*t*	x	x
90	*Odontomantis micans* (Saussure, 1871)	*t*	x	x

Quadro 4.19: Contd...

Sr. Não.	Espécies	Índia	Gujarat	Presente estudo (Gujarat do Sul)
X	**Ortópteros**			
91	*Atractomorpha crenulata* (Fabricius, 1793)	x	x	*^
92	*Oecanthus indicus* (Saussure, 1878)	x	x	*^
93	*Gryllus* sp.	x	x	*^
94	*Acrida exaltata* (Walker, 1859)	*I*	x	x
95	*Aeolopus affiris* (Bolivar, 1902)	*I*	x	x
96	*Gryllotalpa Africana* (Beauvois, 1805)	*I*	x	x
XI	**Neuroptera**			
97	*Chrysoperla carnea* (Stephens, 1836)	x	x	*£
XII	**Acarina**			
98	*Tetranychus urticae* (Koch, 1836)	*I*	*I*	*t*
XIII	**Araneae**			
99	*Argiope anasuja* (Thorell, 1887)	x	x	*£
100	*Oxyopes birmanicus* (Thorell, 1887)	x	x	*£
101	*Oxyopes ratnae* (Tikander, 1970)	*t*	x	x
102	*Pardosa sumatrana* (Thorell, 1887)	*t*	x	x
103	*Cheiracanthium* sp.	*t*	x	x
104	*Peucetia viridana* (Stoliczka, 1869)	*t*	x	x
105	*Plexippus paykulli* (Audouin, 1826)	*t*	x	x

106	*Telamonis dimidiate* (Simon, 1899)	*t*	x		x
107	*Hyllus semicupreus* (Simon, 1885)	*t*	x		x
108	*Uloborus danolius* (Tikander, 1980)	*t*	x		x
	Total	**108**	**-**	**42**	
Nota: £ = Encontrado / comunicado; x = Não encontrado / comunicado * Relato do Sul de Gujarat					

Foi compilado um inventário dos ácaros de insectos da cabaça de garrafa na Índia e em Gujarat a partir da literatura referida para comparação dos ácaros de insectos da cabaça de garrafa no Sul de Gujarat. De acordo com a literatura revista, foram comunicadas 26 espécies de insectos de Gujarat, enquanto 16 ácaros de insectos foram comunicados da Índia. Estas espécies foram listadas e comparadas com os ácaros da cabaça de garrafa registados durante o presente estudo. Quarenta e duas espécies de ácaros de insectos da cabaça de garrafa no Sul de Gujarat no presente estudo foram comparadas com a lista de verificação compilada de 108 ácaros de insectos da cabaça de garrafa (Quadro 4.19).

Durante a presente investigação, 16 espécies de insectos foram observadas pela primeira vez como um novo registo em Gujarat na cabaça de garrafa. Os novos registos de insectos são enumerados do seguinte modo *Illeis cincta* da ordem Coleopteran, *Pantala flavescens, Orthetrum sabina* da ordem

Odonata, *Labidura riparia de* Dermeptera, *Mantis religiosa* de Mantodea, *Atractomorpha crenulata, Oecanthus indicus, Gryllus* sp. de Orthoptera, *Chrysoperla carneaf de* Neuroptera, *Argiopeanasuja, Oxyopes birmanicus* de Araneae enquanto *Geocoris tricolor, Coptosoma cribraria, Spilostethus hospes, Rhynocoris fuscipes* de Hemiptera foram registados pela primeira vez como insectos em cabaças biológicas do Sul de Gujarat. Assim, no total, 16 espécies de insectos de cabaça de garrafa foram registadas como um novo registo de Gujarat. No entanto, em comparação com uma lista de controlo nacional, foram encontradas 16 espécies de insectos como um novo registo. Finalmente, o inventário de ácaros de cabaças a nível nacional foi reforçado com 108 espécies diferentes de ácaros de cabaças biológicas.

Os presentes resultados são confirmados pelo trabalho de Dharmaraj (2011), que estudou a diversidade de artrópodes em ecossistemas vegetais, *nomeadamente* campos de brinjal, cabaça de garrafa e cabaça com nervuras na Universidade Agrícola de Tamil Nadu, em Coimbatore, e revelou um vasto leque de 14 474 indivíduos de 174 espécies, 78 famílias e 15 ordens de três classes, *nomeadamente* Insecta (12 116), Arachnida (2 351) e Diplopoda (7). Entre os Pterygota (12.116), a maioria dos indivíduos pertencia à divisão Endopterygota (9.055) com o número máximo de indivíduos de Coleoptera (5.475) seguido de Hymenoptera (1688), Lepidoptera (944), Diptera (865) e Neuroptera (73). Os Exopterygota (3 061) estavam representados por sete ordens, *a saber*, Hemiptera (2 043), Thysanoptera (429), Isoptera (181), Orthoptera (143), Odonata (114), Dermaptera (108) e Dictyoptera (53). Na classe Arachnida, Araneae (1299) foi a ordem mais comum, seguida de Acarina (1052). Foram recolhidas nove famílias de Araneae, com a maioria dos indivíduos a pertencer a Salticidae (495), seguida de Oxyopidae (324) e Araneidae (137).

Resultados semelhantes foram também observados por Padhiyar e Patel (2021), tendo o seu estudo registado que a cabaça de garrafa, no caso dos visitantes florais, foi visitada por um total de nove espécies de polinizadores pertencentes a oito famílias e cinco ordens. As espécies constituíam quatro lepidópteros, dois coleópteros e um de cada Hemiptera, orthoptera e Odonata. Entre todos os insectos visitantes, os lepidópteros foram os principais visitantes (44,44%) seguidos de Coleoptera (22,22%), Hemiptera (11,11%), Orthoptera (11,11%) e Odonata (11,11%). Entre todas as espécies, *Nesidiocoris* spp. foi a predominante (37,65%), seguida de *Haptones* spp. e *Aulacophora foevicollis,* com 31,76% e 9,41%, respetivamente.

Os trabalhos sobre um inventário de pragas de insectos da cabaça biológica em Gujarat foram muito escassos. Para além de Gujarat, Alam, 1969; Kabir *et al,*1991; Karim, 1993; Ahmed *et al.,*1991; Akhtanuzzaman *et al.,* 1999; Das, 1998; Rashid e Singh, 2000, Jesu Rajan *et al.* (2019) listaram importantes pragas de insectos de cucurbitáceas com o seu estatuto (Major-Minor) No entanto, o presente trabalho substancia o trabalho de Chintha *et al,* 2002, Gameel, 2013 registou pragas de insetos e ácaros em diferentes cucurbitáceas *viz., Cucumis melo* L., *C. Pepo, C. Sativus, C. melo var. Flexuosus, C. melo var. Contaloupensis, C. Lantatus* e *Trichosanthus dioica Roxb. Cv. Kajili.*

Os resultados da presente investigação reforçam a lista de verificação de Gujarat com uma lista actualizada de 42 espécies de insectos e ácaros e, a nível nacional, uma lista de verificação com 108 espécies de insectos e ácaros da cabaça de garrafa é finalizada no final da presente investigação. Esta é a nossa primeira tentativa de preparar um inventário de ácaros de insectos da cabaça biológica cultivada na Universidade Agrícola de Navsari, Navsari. Considerando o cultivo de cabaça de garrafa sob a situação agroecológica orgânica em Gujarat, há uma grande chance de aumentar o número de espécies de insetos benéficos no inventário de Gujarat.

4.2.2 Catálogo fotográfico dos insectos polinizadores dos coentros

O presente estudo sobre a diversidade de insectos e ácaros em sistemas de agricultura biológica de cabaças de garrafa foi realizado de janeiro de 2020 a dezembro de 2021. Durante o presente estudo, um total de 42 espécies em 40 géneros de diferentes insectos e ácaros foi recolhido de culturas de cabaça de garrafa em diferentes fases. A fotografia capturada de cada espécie é ilustrada nas fotos 1 a 42.

1. *Bemisia tabaci* (Grnnadius, 1889) (Foto 4.1)

A. S. Atwal & G. S. Dhaliwal (2013). *Pragas agrícolas do Sul*
A Ásia e a sua gestão. p.315.

As ninfas semelhantes a piolhos, que sugam a seiva, são criaturas preguiçosas, agrupadas sob a superfície das folhas e os seus corpos amarelo-pálido fazem-nas sobressair contra o fundo verde. Na fase alada, têm 1,0-1,5 mm de comprimento e os seus corpos amarelados estão ligeiramente salpicados de pó branco. Têm dois pares de asas brancas puras e asas posteriores longas e proeminentes.

2. *Riptortis pedestris* (Fabricius, 1775) (Foto 4.2)

A. S. Atwal & G. S. Dhaliwal (2013). *Pragas agrícolas do Sul*
Asia and Their Management. p.219.

Comprimento - 15 - 18 mm

Inseto alongado de tamanho moderado, cor dorsal geral acastanhada, ventral amarelo pálido com laivos acastanhados.

3. *Aphis gossypii* Glover (Foto 4.3)

Ghosh (2008). *Handbook on Hemipteran Pests in India,* p.38.

O corpo da fêmea vivípara áptera é pálido, com 0,9-1,8 mm de comprimento e 0,7-1,1 mm de largura máxima perto do meio do abdómen; antenas 0,5-0,7 vezes mais longas que o corpo;

s.a. W+V mais curtas que s.a. ^, pt. 2,0-3,5 vezes mais longa que a base da s.a. ^. Rostro alcançando além do meio do corpo; u.r.s. 1.0-1.3 vezes mais longo que ht2. Dorso abdominal castanho claro a pálido com escleritos castanhos espalhados, pêlos mais longos nos tergitos anteriores cerca de 0.6-0.8 vezes mais longos que a b.d. III. Sifúnculos castanho claro a castanho escuro, imbricados, cilíndricos, afinando para o ápice ou afinando da base para o terço basal, cerca de 0,1-0,19 vezes mais longo que o corpo e 1,2-1,8 vezes mais longo que a cauda; cauda espinhosa, escura e geralmente ligeiramente constrita perto do meio e com 5-6 pêlos. F.T.C. 3:3:2 segundo segmento tarsal com pêlos secundários ventralmente.

4. *Empoasca kerri* Pruthi (Foto 4.4)

Ghosh (2008). *Handbook on Hemipteran Pests in India*, p.38.

Os adultos têm 3-4 mm de comprimento. A coloração básica do corpo é verde-claro, com asas anteriores azul-claras hialinas. As ninfas e os adultos sugam a seiva da folha, o que provoca o murchamento das pontas e a clorose da folha.

5. *Geocoris tricolor* Fabricius (Foto 4.5)

Ghosh (2008). *Handbook on Hemipteran Pests in India*, p.38.

Os insectos adultos de olhos grandes são pequenos (cerca de 3 mm), pretos, cinzentos ou castanhos, com olhos proporcionalmente grandes.

6. *Spilostethus hospes* Fabricius (Foto 4.6)

Ghosh (2008). *Handbook on Hemipteran Pests in India*, p.38.

Inseto de tamanho médio, de cor sanguínea pálida, com um padrão de coloração preta na cor castanha sanguínea, antenas, olhos, lobo mediano da cabeça no ápice, um disco do lobo anterior do protórax, duas bandas verticais largas na parte posterior do pronoto, a base do escutelo e duas manchas ovais no meio do cório, tocando a margem externa, pretas, membrana castanha escura, ventralmente, metade posterior de todos os esternos, faixas transversais em todos os segmentos abdominais, exceto no segundo segmento e manchas marginais laterais pretas, rostro preto. Cabeça: cabeça triangular, lobo mediano proeminente, elevado, tão longo quanto o lobo lateral, olhos grandes e globosos, tocando a margem anterior do pronoto, antenas de cor preta, com a primeira articulação passando o ápice da cabeça. Tórax: pronoto achatado, largo na base, estreito anteriormente, margens laterais direitas, margem anterior ligeiramente côncava, margem posterior direita, cabeça e pronoto sem qualquer punção, coberto de cerdas finas que são mais esparsas na face lateral do que no disco. Escutelo transversalmente deprimido na base, a parte restante ligeiramente convexa com duas zonas laterais deprimidas, cório com uma grande mancha negra no meio e toda a superfície restante coberta de cerdas brancas muito finas. Membrana castanha escura, longa, estendendo-se para além da extremidade do abdómen. A parte ventral do corpo também é pilosa, com finas cerdas brancas por todo o corpo, incluindo as pernas.

7. *Nesidiocoris* spp. (Foto 4.7)

Ghosh (2008). *Handbook on Hemipteran Pests in India*, p.38.

O adulto de *Nesidiocoris* spp. é de cor verde e varia de 6 a 10 mm de comprimento. O corpo é alongado e delgado; as antenas são castanhas claras, caracterizadas pela presença de um estilete. A fêmea é maior do que o macho e tem um corpo de forma oval mais arredondada.

8. *Dysdercus cingulatus* Fabricius(Foto 4.8)

Panizzi e Grazia, (2015). Introdução aos percevejos verdadeiros (Heteroptera) da região neotropical.

Medidas: comprimento 12-15 mm.

De cor avermelhada com colarinho branco e mancha preta, as asas anteriores membranosas têm uma mancha preta. No lado ventral do abdómen, há uma série de bandas transversais brancas. As peças bucais estão adaptadas à perfuração e à sucção. Formam um bico reto ou rostro. As ninfas não têm asas e são mais pequenas do que os adultos.

9. *Coptosoma cribraria* Fabricius (Foto 4.9)

Inseto esverdeado de forma oval

10. *Nezara virudula* Linnaeus (Foto 4.10)

Inseto de tamanho médio, verde ou verde-escuro, com o corpo densamente pontuado, 4th e 5th articulação da antena arroxeada, restante verde, ângulos póstero-laterais do abdómen com pontas pretas, afiadas. Existem três formas de coloração distintas: uma verde-escura com manchas minúsculas no escutelo, outra amarelo-pálida com manchas verdes na parte anterior do pronoto, na zona basal do escutelo e na região apical do cório, e a terceira amarelo-escura.

11. *Rhynocoris fuscipes* Fabricius (Foto 4.11)

Inseto alongado, moderadamente robusto, com uma mistura de cores vermelho coral e preto, tanto na face dorsal como na face ventral.

Cabeça: cabeça larga na altura dos olhos, estreita anteriormente, avermelhada. Olhos pretos

Tórax: pronoto avermelhado ocráceo com uma faixa preta emarginada logo atrás do sulco transverso, lobo anterior cerca de $1/3^{rd}$ do lobo posterior e convexo com uma faixa preta perto da margem anterior, margem anterior ligeiramente côncava, ângulos anteriores ligeiramente produzidos, ângulos umerais arredondados, margem posterior ligeiramente sinusoide sobre o escutelo, o disco do lobo posterior do pronoto ligeiramente convexo, finamente pontuado e setoso.

Abdómen: abdómen ligeiramente convexo com algumas pregas que parecem venações nas asas, vermelho mas com uma larga faixa transversal preta ao longo das articulações de cada segmento, superfície coberta de longas cerdas incolores.

12. *Labidura riparia* (Pallas) (Foto 4.12)

As espécies de tesourinhas da família Labiduridae caracterizam-se pelas suas cerci modificadas como pinças e pela sua cor castanha clara. São vulgarmente designadas por "orelha-da-terra", "orelha-da-praia", "orelha-dos-rios" ou "orelha-riscada", devido às duas riscas longitudinais escuras ao longo do pronoto. O protórax é o primeiro dos três segmentos do tórax de um inseto e contém o primeiro par de patas. Os seus principais escleritos (placas exoesqueléticas) são o pronoto (dorsal), o prosterno (ventral) e o propleuron (lateral) de cada lado.

13. Casal de *Mantis religiosa* (Foto 4.13)

Os insectos que se deslocam lentamente são caracterizados por patas dianteiras com fémures alargados (parte superior) que têm uma ranhura revestida de espinhos na qual a tíbia (parte inferior) pressiona.

14. *Pantala flavescens (*Fabricius) (Foto 4.14)

Macho: A cara é amarelo dourado brilhante ou cor de laranja. Olhos: Castanho-avermelhados em cima, cinzento-azulados nos lados e em baixo. Tórax: Oliváceo ou ferrugíneo, coberto de finos pêlos amarelados. Nos lados, é verde-claro ou verde-azulado. Patas: pretas. Asas: Transparentes e a base da asa posterior é amarelo-âmbar. Mancha da asa: Castanho avermelhado brilhante. Abdómen: Castanho-avermelhado brilhante e com uma tonalidade vermelho-tijolo na parte dorsal. Os segmentos 8-10 têm manchas pretas por cima. Fêmea: É muito semelhante ao macho. Os olhos são castanhos oliváceos por cima e as asas são uniformemente fumadas. O abdómen não tem a coloração vermelha dorsal que se encontra nos machos.

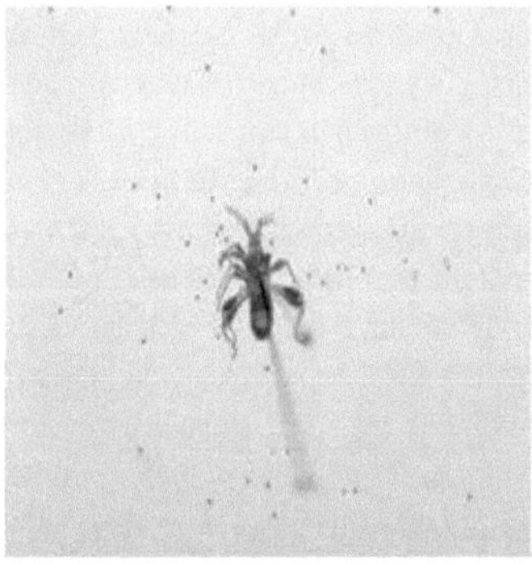

Foto 4.1: *Bemisia tabaci* Gennadius Foto 4.3: *Aphis gossypii* Glover

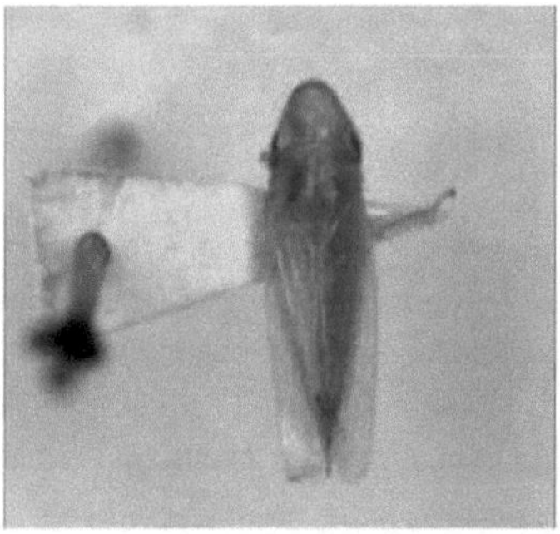

Foto 4.2: *Riptortis pedestris* Fabricius Foto 4.4: *Empoasca kerri* Pruthi

Foto 4.5: *Geocoris* sp. Foto 4.6: *Spilostethus hospes* Fabricius

15. *Orthetrum sabina* (Drury) (Foto 4.15)

É uma libélula de tamanho médio (Abdómen: 30-36mm, Asa posterior: 30-36mm). Os olhos são verdes mosqueados de preto e o tórax é preto com riscas verdes. O abdómen é estriado com bandas verde-amareladas e pretas. A região verde-amarelada do abdómen torna-se mais pálida com a maturidade e, em alguns indivíduos mais velhos, é quase branco-creme. Os dois primeiros segmentos abdominais são bulbosos (um carácter muito proeminente), enquanto o resto do abdómen é fino e alongado. Os segmentos abdominais terminais (7 a 9) são pretos, enquanto os apêndices anais são branco-creme. Não se observa dimorfismo sexual na forma e no padrão de cor do corpo, mas as fêmeas grávidas podem apresentar um abdómen ligeiramente robusto.

16. *Atractomorpha crenulata* Fabricius (Foto 4.16)

Cor: Verde pubescente; antena com uma tonalidade rosa claro externamente; ponta escura; grânulos crus na face e lobos laterais do pronoto amarelados; tegmina verde com margem apical rosa; asas posteriores basalmente vermelhas, hialinas; metade apical do fémur posterior preta. Cabeça: cónica; fastigium tão longo como o comprimento dos olhos; sulco estreito na extremidade, obtusamente arredondado; olhos oblongos; antenas robustas, subfiliformes, trigonadas, inseridas à frente dos ocelos laterais; fronte oblíqua, granulada; crista frontal comprimida entre as antenas; carina lateral surgindo entre a antena e o ocelo, abaixo dos olhos, entre parêntesis; bochecha com uma fileira de grânulos; continuando até à base da coxa média. Mesossoma: Pronoto com grânulos esparsos; carenas mediana e lateral muito fracamente marcadas; dois sulcos transversais; parte anterior do pronoto ligeiramente emarginada; margem posterior obtusamente arredondada com um pequeno entalhe no meio; processo prosternal situado anteriormente, inclinado para trás, espatulado, achatado anteriormente; lobos mesoesternais separados, mais compridos do que largos; canto interno arredondado; fóveas presentes; lobos metasternal contíguos separados por um espaço transversal entre as fóveas; pernas delgadas; fémur posterior filiforme; tíbia posterior com 9 espinhos externos e 10 internos, incluindo os apicais; tegmina estreita, expansão costal pontiaguda em direção à base; asas posteriores pontiagudas ligeiramente mais curtas do que a tegmina. Metassoma: Metassoma comprimido, com carina mediana; placa supra-anal grande, estreita e triangular, cercos cónicos, estreitando-se abruptamente; placa subgenital pilosa espessa com uma curva para cima.

17. *Oecanthus indicus* (Saussure) (Foto 4.17)

Corpo delgado, verde claro, pontuado; Cabeça glabra; clípeo e labro esbranquiçados; gena com faixas pigmentares; frons com cerdas; sutura ecdisial pigmentada, com cerdas curtas; um grupo de cerdas acima dos olhos; occipital com um par de faixas paralelas posteriores a cada olho; flagelo das antenas alternando quatro vezes dois anéis pigmentares mais finos com um mais grosso, Tórax: pronoto ligeiramente pubescente, pigmentado, translúcido, mais longo que largo, cerdas na margem; corpo delgado, verde claro, pontuado; abdómen: tergitos com um par de faixas transversais que diminuem de intensidade para trás; cercos delgados, mais curtos (2.25mm) do que o abdómen (5,86mm), marcados com um anel subapical castanho claro; placa supranal translúcida, arredondada posteriormente, margem com cerdas longas; placa subgenital arredondada posteriormente, com protuberância lateral curta.

18. *Gryllus* sp. (Foto 4.18)

Os membros do género têm tipicamente 15-31 mm de comprimento e são de cor escura

19. *Aulacophora foveicollis* Lucas (Foto 4.19)

O adulto mede 5 a 8 mm de comprimento e cerca de 3,5 mm de largura. A cor dos élitros varia de amarelo-alaranjado pálido a vermelho-alaranjado brilhante a castanho médio, e o abdómen é preto com pêlos brancos suaves. As larvas encontram-se no solo e são delgadas e amarelo-creme, com cabeça e protórax castanho-claros.

20. ***Aulacophora intermedia*** **Jacoby (Foto 4.20)**

Corpo oblongo e alongado. Geralmente bicolor (cabeça e tórax castanho-avermelhados; élitros pretos). Olhos dourados. O segmento antenal 1st é maior e mais largo do que o segmento 2nd . Os segmentos 3rd a 9th são achatados. O escutelo tem forma triangular e é castanho-avermelhado. O abdómen é castanho claro com 4-5 segmentos. No macho, o último esternito visível é trilobado, enquanto na fêmea é igual ao de *A. foveicollis*. O pigmeu não está exposto.

21. ***Coccinella transversalis*** **Fabricius (Fotografia 4.21)**

(Ref., Jadhav, 2013)

Medidas: comprimento do corpo: 4,09 a 4,85 mm, largura: 3,15 a 3,72 mm

Comprimento dos élitros: 4,19 a 4,79 mm, largura: 2,21 a 2,53 mm

O adulto era de cor vermelha e preta. Forma do corpo: oval alongado, convexo. Pronoto: preto, cantos anterolaterais creme claro: Vermelho e com marcas transversais pretas.

22. ***Cheilomenes sexmaculata*** **Fabricius (Foto 4.22)**

Ref.: Jadhav, D.S. (2013). Estudos morfométricos de coccinelídeos predadores (Coleoptera: Coccinellidae) e biologia comparativa de *Coccinella transversalis*. Medidas: comprimento do corpo: 3,15 a 4,39 mm, largura: 2,61 a 3,26 mm

Comprimento dos élitros: 3,32 a 4,1 mm, largura: 2,07 a 2,71 mm

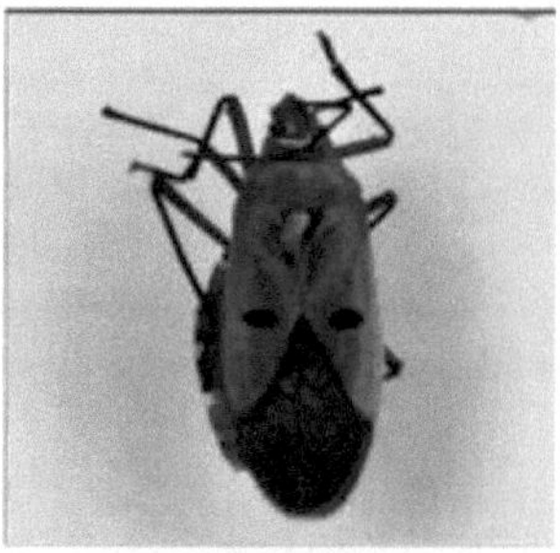

Foto 4.7: ***Nesidiocoris*** **spp. Foto 4.8:** ***Dysdercus cingulatus*** **Fabricius**

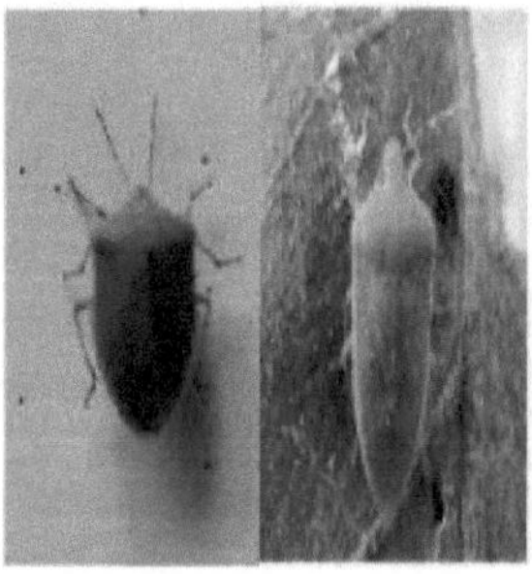

Foto 4.9: ***Coptosoma cribraria*** **Fabricius Foto 4.10:** ***Nezara virudula*** **Linnaeus**

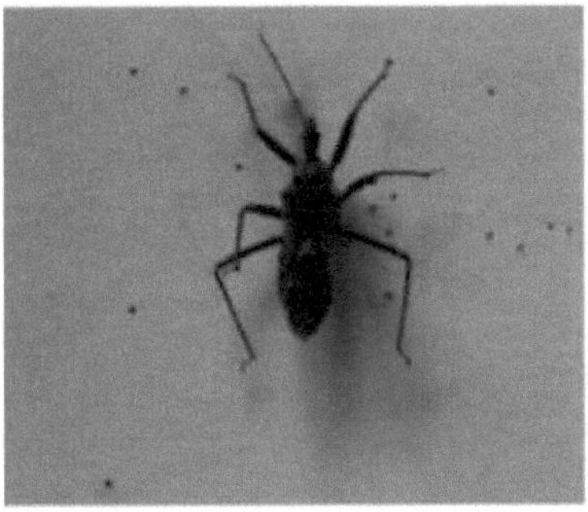 

Foto 4.11: *Rhynocoris fuscipes* Fabricius Foto 4.12: *Labidura riparia* Pallas

forma, pronoto amarelo acastanhado, élitros com seis máculas negras e linhas em ziguezague com uma mancha negra posterior.

23. *Illeis cincta* Fabricius (Fotografia 4.23)

Ref.: Jadhav, D.S. (2013). Estudos morfométricos de coccinelídeos predadores (Coleoptera: Coccinellidae) e biologia comparativa de *Coccinella transversalis*

O adulto mede cerca de 4 a 6 mm de comprimento. Élitros amarelados. Corpo alongado, oval e convexo. A cabeça é bastante visível. Um par de manchas negras pode ser encontrado no pronoto. Os olhos são proeminentes. A antena é longa, com uma clava de três segmentos pouco articulada. A fêmea é comparativamente maior do que o macho.

24. *Haptones* spp (Foto 4.24)

São pequenos escaravelhos ovóides (2-6 mm), geralmente de cor baça, com antenas em forma de botão. Alguns têm manchas ou bandas vermelhas ou amarelas.

25. *Liriomyza trifolii* Burgess (Foto 4.25)

O adulto é muito pequeno: 1-1,3 mm de comprimento do corpo, até 1,7 mm na fêmea, com asas de 1,3-1,7 mm. O mesonoto é cinzento-escuro com uma mancha amarela nos cantos posteriores. O escutelo é amarelo vivo; a face, os frons e o terceiro segmento antenal são amarelo vivo. O aspeto dos machos e das fêmeas de *L. trifolii* é geralmente semelhante.

A Liriomyza trifolii não é uma mosca muito ativa e, em culturas com mineração ativa, as moscas podem ser vistas a caminhar rapidamente sobre as folhas, com apenas voos curtos e bruscos para as folhas adjacentes.

26. *Bactrocera cucurbitae* (Coquillett, 1849) (Foto 4.26)

Handbook on Flower Visiting Flies (Diptera: Insecta) of Kolkata and surroundings, p 30. (Ref.: Mitra *et al.*, 2008).

Diagnóstico: A mosca adulta é visivelmente maior do que uma mosca doméstica, com um comprimento de corpo de cerca de 6 a 8 mm. A cor da mosca é muito variável, mas há marcas proeminentes amarelas e castanho-escuras a pretas no tórax; cabeça amarelo-clara, occipital amarelo-avermelhado, uma pequena mancha preta de cada lado da face perto do meio e uma mancha castanha no meio de cada bochecha. Esta espécie também é conhecida por: *Chaetodacus cucurbltae* (Coquillett), *Dacus cucurbitae* Coquillett, *Strumeta cucurbitae* (Coquillett) e *Zeugodacus cucurbitae* (Coquillett).

27. *Apis cerana indica* (Fabricius, 1793) **(Foto 4.27)**

Fabr. Ent. Syst. Suppl. p. 274; *Smith, Cat.* ii, p. 416; *Dall. Torr. Cat.* x, p. 598. (Ref.:

Bingham, 1897 e Zinzuvadiya *et al.*, 2020).

$$. Cabeça, tórax e abdómen lisos e brilhantes, escassamente pubescentes, por vezes densamente pubescentes. Cabeça, tórax e segmento terminal apical do abdómen pretos; escutelo e cinco segmentos basais do abdómen amarelo-testáceo; patas rufo-fuscas, pubescência cinzenta; asas hialinas e iridescentes.

$ semelhante; maior e mais escuro. $ semelhante, de constituição mais robusta; mais escura, o tórax densamente pubescente.

$ Comprimento 16; extensão. 32 mm. $ Comprimento 13: extensão. 27 mm. $$. Comprimento 11-12; extensão. 21-23 mm.

28. ***Apis dorsata*** (Fabricius, 1793) **(Foto 4.28)**

Fabr. Ent. Syst. ii, p. 328; *Smith, Cat.* ii, p. 415; *Horne, Trans. Zool. Soc.* vii, p. 181, pl. 22, fig. 3; *Dall. Torr. Cat.* X, p. 589. (Ref.: Bingham, 1897 e Zinzuvadiya *et al.*, 2020).

$$. Cabeça, tórax e abdómen com pubescência curta, mais ou menos esparsa ou densa conforme a localidade; cabeça e mesonoto finamente pontuados sob a pubescência; sulco medial curto e vertical abaixo do ocelo anterior. Cabeça, tórax, pernas e três segmentos apicais do abdómen pretos, mais ou menos pálidos e fuscos em toda a parte posterior do tórax e no abdómen; os três segmentos basais do abdómen amarelo-mel; pubescência fusca na cabeça, na parte anterior do tórax, nas pernas e nos segmentos apicais do abdómen, amarelo-ocráceo pálido nas partes posteriores do tórax e na base do abdómen; pernas, em especial as tíbias e os tarsos posteriores, com pubescência ferrugínea curta; asas fusco-fuscas ou fusco-hialinas.

$ Semelhante; maior e mais escuro. $ Semelhante; muito mais escuro, os olhos muito grandes.

$. Comprimento 21: extensão. 36-37 mm. $. Comprimento 17; extensão. 32 mm. $$. Comprimento 16-18; extensão. 30-35 mm.

29. ***Camponotus compressus*** **Fabricius (Foto 4.29)**

Corpo de 11-16 mm, preto, finamente e densamente reticulado-punctado. Mandíbulas, flagelo antenal e patas castanhas ou vermelhas, raramente pretas. Pedículo antenal e base do abdómen brilhantes. Cabeça triangular, larga posteriormente, mandíbulas com 7 dentes. Clípeo medialmente carenado verticalmente, a parte média forma anteriormente um lóbulo retangular.

30. ***Ichneumonidae*** **sp. (Foto 4.30)**

Os ichneumonídeos adultos assemelham-se superficialmente a outras vespas. Têm uma cintura delgada e dois pares de asas. A asa anterior dos icneumonídeos tem uma veia de 2m-cu, um par de grandes olhos compostos no lado da cabeça e três ocelos no topo da cabeça. Os seus

Foto 4.13: *Louva-a-deus religiosa* Casal Foto 4.14: *Pantala flavescens* (Fabricius)

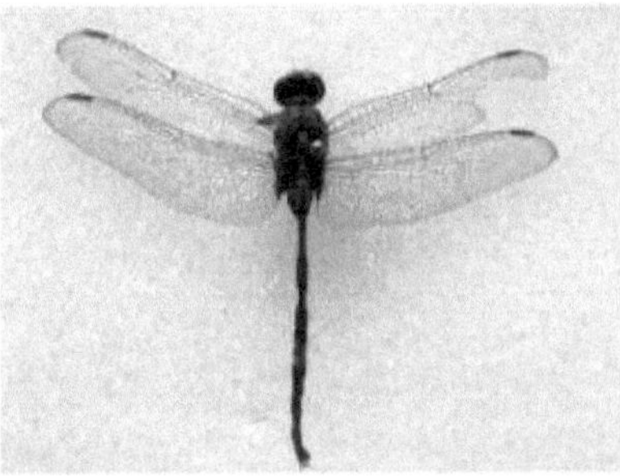

Foto 4.15: *Orthetrum sabina* (Drury) Foto 4.16: *Atractomorpha crenulata* Fabricius

Foto 4.17: *Oecanthus indicus* (Saussure) Fabricius Foto 4.18: *Gryllus* sp.

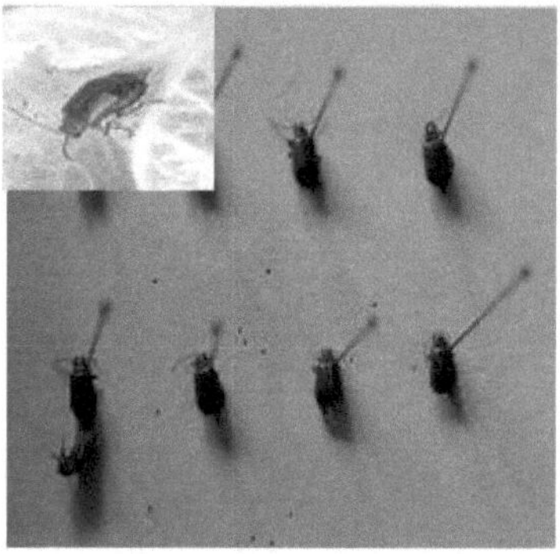

Foto 4.19: ***Aulacophora foveicollis*** **Lucas Foto 4.20:** ***Aulacophora intermedia*** **Jacoby**

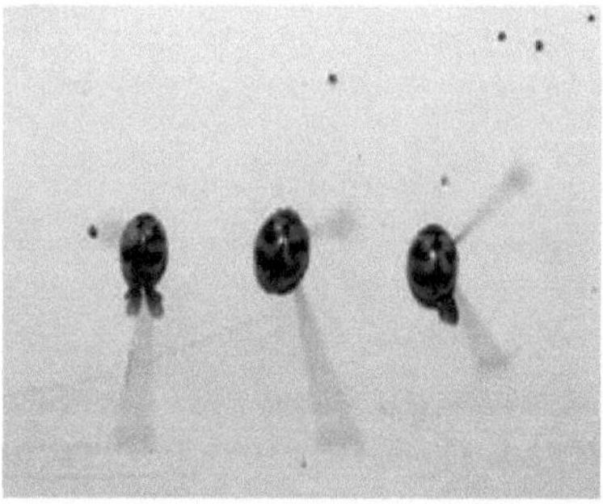
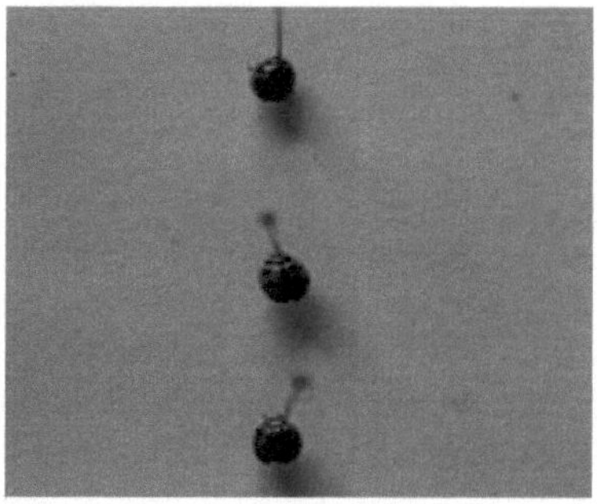

Foto 4.21: ***Coccinella transversalis*** **Fabricius Foto 4.22:** ***Cheilomenes sexmaculata*** **Fabricius**

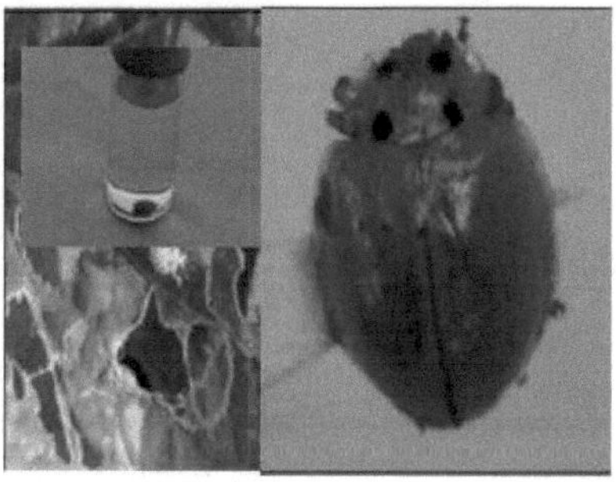

Foto 4.23: ***Illeis cincta*** **Fabricius Foto 4.24:** ***Haptones*** **spp.**

O seu tamanho varia consideravelmente, desde alguns milímetros até sete ou mais centímetros. Possuem um ovipositor modificado para a captura e defesa das presas. O seu tamanho é muito variável e a sua cor vai do amarelo vivo ao preto uniforme. Asa anterior com nervura da asa 2m- cu presente.

31. *Megachile (Eutricharaea) hera* (Bingham, 1897) (Foto 4.31)

Megachilepanjaubensis Cameron, 1906: p.135-136 $.

(Ref.: Bingham, 1897 e Zinzuvadiya *et al.*, 2020).

$. Cabeça, tórax e abdómen minuciosamente e muito pontuados; cabeça mais larga do que o tórax, plana, com as faces pouco desenvolvidas; clípeo muito ligeiramente convexo, arredondado anteriormente e com um pequeno tubérculo acima da base; abdómen cordiforme. Negros; lados do clípeo, parte anterior acima das antenas, lados do tórax e segmento mediano com uma pubescência branca suave e longa; patas cobertas de pêlos brancos brilhantes curtos e esparsos; base do abdómen com uma pubescência branca longa e margens apicais dos segmentos 1-5 com uma franja branca curta; pincel polínico branco na base, fulvo nos quatro segmentos apicais; asas hialinas e iridescentes, nervuras e tegulso castanho-testáceo.

32. *Xylocopa* sp. (Fabricius, 1798) (Foto 4.32)

Apis fenestrata, Fabr. Ent. Syst. Suppl. p. 273, $

Xylocopa indica, Klug, Mag. n. Entd. ges. Naturk., Berlim, i, 1807, p.264. (Ref.: Bingham, 1897 e Zinzuvadiya *et al.*, 2020).

$. Cabeça finamente e estreitamente pontuada, tórax e abdómen mais esparsamente pontuados, o disco do mesonoto impunctado; clípeo muito ligeiramente convexo, quase plano, amplamente emarginado anteriormente; parte anterior não carenada; mesonoto com três linhas obscuras, paralelas, longitudinalmente impressas e abreviadas. Pêlos negros, brilhantes, com pubescência negra, ferrugínea ao longo do ápice do segmento abdominal anal, esparsa exceto nas patas intermédias e posteriores, onde é densa, longa e de cor negra fuliginosa; terceiro segmento abdominal com uma minúscula impressão lateral espiralada perto da base, coberto por uma curta pubescência amarela; asas escuras, fuscas, com uma efusão púrpura e acobreada, e com linhas hialinas obscuras entre as nervuras da base. $. Semelhante, de forma mais estreita, as asas mais pálidas, com as linhas hialinas mais bem definidas. $. Comprimento 22-24; envergadura. 46-50 mm. $. Comprimento 21-22; envergadura. 44 mm.

33. *Helicoverpa armigera* Hubner (Foto 4.33)

O corpo adulto mede 12-20 mm de comprimento, as asas anteriores das fêmeas são amarelas a castanhas, cinzento-esverdeadas nos machos, com uma mancha castanha perto da margem anterior. As asas posteriores são amarelo-pálido com uma faixa castanha nas margens posteriores e uma mancha escura redonda no meio. A larva tem 35-40 mm de comprimento, de cor verde-pálido a castanho-escuro, dependendo da planta hospedeira, e com uma faixa dorsal escura. A cabeça, o pronoto, as pernas torácicas e os cinco pares de pernas abdominais são castanho-escuros ou pretos.

34. *Sphenarches anisodactylus* (Walker) (Foto 4.34)

Os adultos são pequenos, com asas castanho-amareladas. As asas anteriores são cortadas em duas plumas e as posteriores em três.

35. *Diaphania indica* Saunders (Foto 4.35)

Cabeça e tórax castanho-preto; palpos inferiores brancos; patagia branca nas extremidades; abdómen branco com os 7th e 8th segmentos pretos; tufo anal castanho e preto. Asa anterior com a zona costal e a zona interna amplamente negras, deixando uma mancha triangular branco-pérola hialina; bordo inferior da zona costal minuciosamente dentado; bordo interno da banda marginal dilatado desde a veia 3 até ao ângulo externo. Asa posterior branco-pérola hialina, com uma faixa marginal negra larga na costa (L.S. 27 mm).

36. *Spoladea recurvallis* (Fabricius, 1775) (Foto 4.36)

(Ref., Husain *et al.*, 2020)

Medidas: Asa spam: 36-44 mm

Probóscide com escamas na base, órgãos timpânicos na base do abdómen ventralmente e abertos anterio-medialmente, antenas filiformes/filamentosas, patas muito longas e delgadas. Castanho-escuro com uma larga faixa mediana branca em ambas as asas, asa anterior com uma faixa curta na margem superior perto da ponta, duas/três manchas brancas perto da extremidade da faixa, franja dos pêlos de ambas as asas com manchas pretas e brancas, asas posteriores castanho-escuras com uma larga barra mediana branca.

37. Tigre-da-serra (*Danaus chrysippus* Linnaeus, 1758) (Foto 4.37)

Descrição: PELE vermelho-acastanhado, mais brilhante e mais rico do que em baixo, mais pálido na zona dorsal. Costa e ápice pretos, este último atravessado por uma barra oblíqua branca com duas manchas brancas abaixo da sua extremidade inferior. O térmen é estreitamente preto com uma série de manchas brancas. Ecossistema: Terrenos agrícolas, zonas florestais, zonas hortícolas, margens de rios e zonas de montanha.

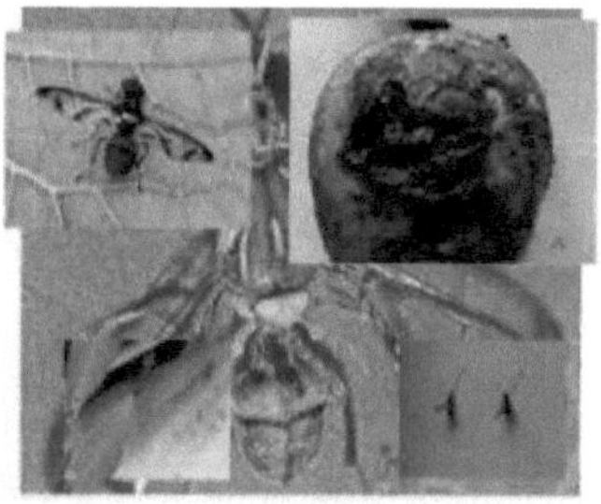

Foto 4.25: *Liriomyza trifoli* Burgess

Foto 4.26: *Bactrocera cucurbitae* (Coquillett)

Foto 4.27: *Apis cerana indica* (Fabricius)

Foto 4.28: *Apis dorsata* (Fabricius)

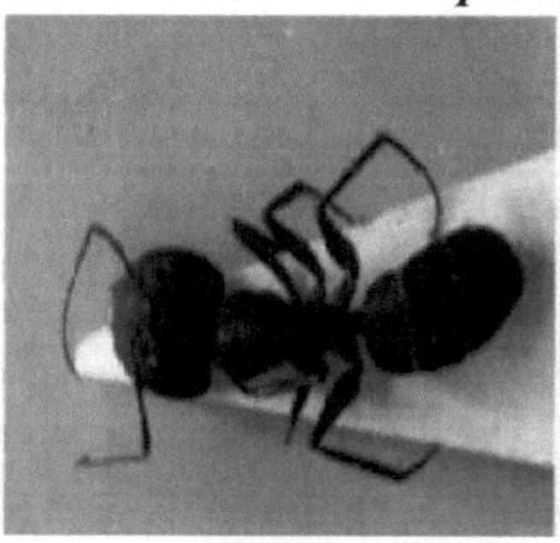

Foto 4.29: *Camponotus compressus* Fabricius

Foto 4.30: *Ichneumonid* spp.

38. Erva-amarela-comum (*Eurema hecabe* Linnaeus, 1758) (Foto 4.38) *Butterflies of the Indian Region*, p 453. (Ref.: Wynter-Blyth, 1957 e Zinzuvadiya e Ghetiya, 2020).

Medidas: Extensão: 40-50mm

Descrição: $: Amarelo brilhante. O ápice e a terminação da UPF são amplamente pretos e geralmente escavados entre os vs. 2 e 4. UPH com uma borda terminal estreita e preta. $: Semelhante com margens negras mais largas. $$: Abaixo, FW com duas manchas pretas na célula (uma ou ambas podem estar ausentes). Manchas anelares triangulares nas extremidades das células em ambas as asas. **39. *Chrysoperla carnea* Stephens (Fotografia 4.39)**

Descrição das asas verdes. Os ovos são postos individualmente em cima de um fio fino preso a folhas ou caules e são facilmente vistos e reconhecidos. Os ovos eclodem num prazo de 3 a 6 dias. As larvas são predadores vorazes e comem outros ovos e larvas de crisopídeos. As larvas alimentam-se durante cerca de 2 semanas e depois formam casulos esféricos brancos de seda resistente. As larvas transformam-se em pupas dentro do casulo e o crisopídeo adulto emerge em cerca de 10 dias. Após a emergência, os crisopídeos adultos efectuam longos voos de dispersão, independentemente da presença de alimentos. Os crisopídeos voam à noite e podem percorrer vários quilómetros. As fêmeas devem alimentar-se de néctar, pólen ou melada de pulgão para produzir ovos. As fêmeas põem os seus primeiros ovos 4 a 6 dias após a emergência. Os adultos vivem várias semanas, durante as quais põem 200 ou mais ovos. Os adultos têm uma risca amarelada e pálida a meio do corpo.

40. *Tetranychus urticae* Koch (Foto 4.40)

O ácaro de duas pintas tem uma forma oval, com cerca de 1,5 cm de comprimento e pode ser castanho ou vermelho-alaranjado, mas a cor mais comum é o verde, amarelo-esverdeado ou quase translúcido. A fêmea tem cerca de 0,4 mm de comprimento e um corpo elíptico com 12 pares de cerdas dorsais. As fêmeas invernantes são alaranjadas a vermelho-alaranjadas. O conteúdo do corpo (grandes manchas escuras) é muitas vezes visível através da parede transparente do corpo. Uma vez que as manchas são uma acumulação de resíduos corporais, os ácaros recém-mudados podem não ter manchas. O macho é elíptico com a extremidade caudal afunilada e mais pequeno do que a fêmea. O eixo do botão da aedeago é paralelo ou forma um pequeno ângulo com o eixo da haste.

41. *Argiope anasuja* (Thorell, 1887) (Foto 4.41)

O cefalotórax é amarelo-acinzentado, estreitando-se anteriormente e alargando-se posteriormente, coberto de pubescência cinzenta. As quelíceras são delgadas e de cor alaranjada. O abdómen é pentagonal, ligeiramente mais largo do que comprido, com a extremidade posterior coberta de pubescência. Dorsalmente, no centro, uma faixa horizontal negra, de cada lado da qual se encontram faixas branco-amareladas; junto ao prosoma, uma faixa horizontal acinzentada, com uma forma triangular negra posterior. As patas têm bandas pretas e pretas claras alternadas com cerdas

42. *Oxyopes birmanicus* (Thorell, 1887) (Foto 4.42)

Cefalotórax ligeiramente alongado e de cor castanha a amarela. A região ocular é amarela acastanhada, com duas linhas pretas longitudinais distintas que partem da parte mediana anterior dos olhos em direção às mandíbulas. O abdómen é castanho-claro, alongado, com a extremidade posterior afilada e coberto de pêlos. A superfície dorsal do abdómen apresenta padrões distintos.

Os resultados do presente trabalho estão relacionados com o trabalho realizado por Sunil (2015), que estudou o complexo de pragas da cabaça amarga (*Momordica charantia* L.) e registou que foram registadas 24 espécies de insectos pragas na cabaça amarga, das quais doze espécies eram desfolhadoras, oito espécies eram pragas sugadoras, uma era uma formadora de galhas e três espécies eram brocas de frutos. Preparou também um álbum fotográfico sobre o complexo de pragas. O trabalho de investigação de Byrapaa (2010) também coincidiu em certa medida com o estudo do impacto dos biopesticidas na biodiversidade nos sistemas de cultivo biológico e também elaborou um catálogo fotográfico em Bengaluru.

4.3 ABUNDÂNCIA DE PRAGAS DE INSECTOS E ÁCAROS EM RELAÇÃO A FACTORES CLIMÁTICOS

A fim de estudar a abundância de pragas de insectos e ácaros em relação a factores climáticos em cabaças biológicas, a experiência foi conduzida durante dois anos consecutivos (2020 e 2021) na Unidade de Agricultura Biológica, Faculdade de Horticultura e Silvicultura, Universidade Agrícola de Navsari, Navsari. Os resultados são apresentados nos quadros 4.20 a 4.24, discutidos no presente documento.

4.3.1 Insectos sugadores

Pulgão, *A. gossypii*

Durante 2020, a população de pulgões (Tabela 4.20) variou de 0,05 a 18,25 por folha, com uma média de 6,20 por folha. A população de pulgões foi observada (0,05 por folha) durante 11th SMW i.*e.* 2nd semana após a germinação, aumentou gradualmente e atingiu o pico mais alto (18,25 por folha) durante 17th SMW *i.e.* 8th semana após a germinação. Depois disso, a população diminuiu até à remoção da cultura.

Foto 4.31: *Megachile* sp. Foto 4.32: *Xylocopa* sp.

Foto 4.33: *Helicoverpa armigera* Hubner Foto 4.34: *Sphenarches anisodactylus* (Walker)

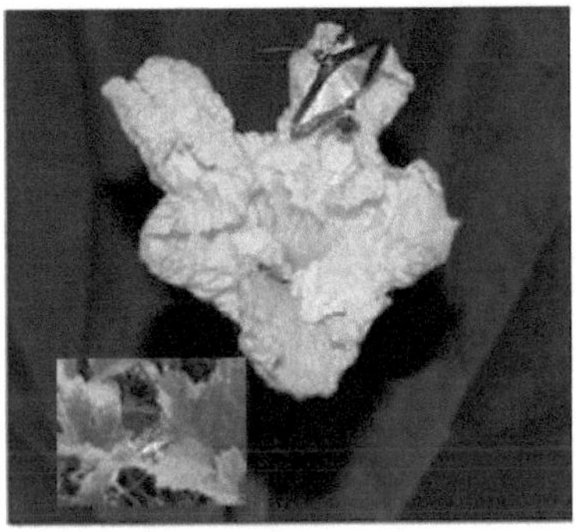

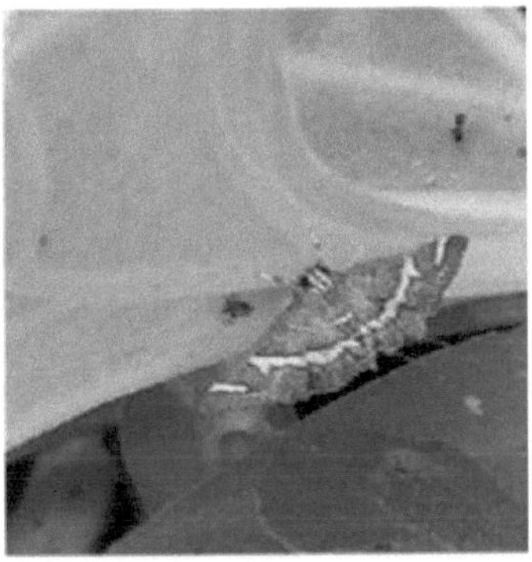

Foto 4.35: *Diaphania indica* Saunders Foto 4.36: *Spoladea recurvallis* (Fabricius)

Foto 4.37: *Danaus chrysippus* Linnaeus Foto 4.38: *Eurema hecabe* Linnaeus

Foto 4.39: *Chrysoperla zastrowii* Stephens
Foto 4.40: *Tetranychus urticae* Koch

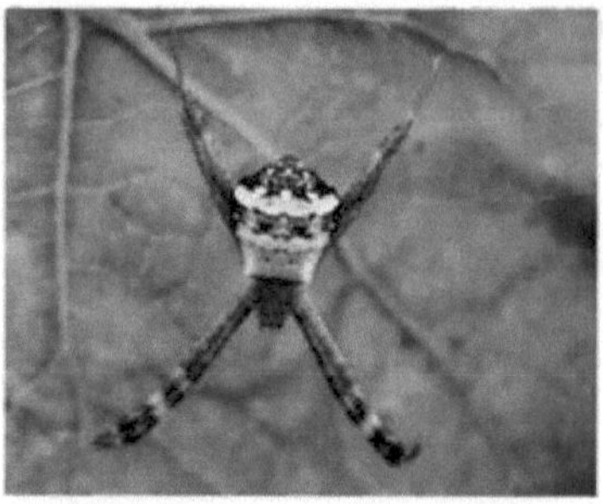

Foto 4.41: ***Argiope anasuja*** **(Thorell) Foto 4.42:** ***Oxíopes birmanicus*** **(Thorell)**

A população de pulgões variou de 0,15 a 19,75 por folha, com uma média de 5,80 por folha durante 2021 (Tabela 4.20). A população de pulgões começou (0,15 por folha) a partir de 11th SMW i.*e.* 2nd semana após a germinação, aumentou gradualmente e atingiu o pico mais alto (19,75 por folha) durante 17th SMW *i.e.* 8th semana após a germinação. Depois disso, a população diminuiu e chegou a zero até à remoção da cultura.

Os dados médios de dois anos revelaram que a população de pulgões (Tabela 4.20 e Fig. 4.7) variou de 0,10 a 19,00 por folha com uma média de 6,00 por folha. A população de pulgões foi notada (0,10 por folha) durante 11th SMW i.*e.* 2nd semana após a germinação, aumentou gradualmente e atingiu o pico mais alto (19,00 por folha) durante 17th SMW *i.e.* 8th semana após a semeadura. Depois disso, a população diminuiu até à remoção da cultura.

Mosca branca, *B. tabaci*

Durante 2020, a população de mosca branca (Tabela 4.20) variou de 0,53 a 3,68 por folha com uma média de 1,40 por folha. A população de mosca branca foi observada (0,53 por folha) durante 12th SMW, ou *seja,* 3rd semana após a germinação, aumentou gradualmente e atingiu o pico mais alto (3,68 por folha) durante 16th SMW, ou *seja,* 7th semana após a germinação. Depois disso, a população diminuiu até à remoção da cultura.

A população de mosca branca variou de 0,76 a 3,20 por folha com uma média de 1,42 por folha durante 2021 (Tabela 4.22). A população de mosca branca começou (0,76 por folha) a partir de 12th SMW i.*e.* 3rd semana após a germinação, aumentou gradualmente e atingiu o pico mais alto (3,20 por folha) durante 16th SMW *i.e.* 7th semana após a germinação. Depois disso, a população diminuiu e chegou a zero até à remoção da cultura.

A média de dois anos revelou que a população de mosca branca (Tabela 4.22 e Fig. 4.7) variou de 0,65 a 3,44 por folha com uma média de 1,41 por folha. A população de mosca branca notada (0,65 por folha) durante 12th SMW i.*e.* 3rd semana após a germinação, aumentou gradualmente e atingiu o pico mais alto (3,44 por folha) durante 16th SMW *i.e.* 7th semana após a sementeira. Depois disso, a população diminuiu até à remoção da cultura. A

cigarrinha, *E. kerri*

Durante 2020, a população de cigarrinhas (Tabela 4.20) variou de 1,11 a 8,39 por folha, com uma média de 4,20 por folha. A população de cigarrinhas foi observada (1,11 por folha) durante 11th SMW, ou *seja,* 2nd semana após a germinação, aumentou gradualmente e atingiu o pico mais alto (8,39 por folha) durante 16th SMW, ou *seja,* 7th semana após a germinação. Depois disso, a população diminuiu até à remoção da cultura.

A população de cigarrinhas variou de 1,63 a 7,27 por folha, com uma média de 3,67 por folha durante 2021 (Tabela 4.20). A população de cigarrinhas começou (1,63 por folha) a partir de 11th SMW i.*e.* 2nd semana após a germinação, aumentou gradualmente e atingiu o pico mais alto (7,27 por folha) durante 16th SMW *i.e.* 7th semana após a germinação. Depois disso, a população diminuiu e chegou a zero até à remoção da cultura.

Dados médios de dois anos revelaram que a população de cigarrinhas (Tabela 4.20 e Fig. 4.7) variou de 1,37 a 7,83 por folha com uma média de 3,63 por folha. A população de cigarrinhas foi notada (1,37 por folha) durante 11th SMW i.*e.* 2nd semana após a germinação, aumentou gradualmente e atingiu o pico mais alto (7,83 por folha) durante 16th SMW *i.e.* 7th semana após a sementeira. Depois disso, a população diminuiu até à remoção da cultura.

Ácaro, *T. urticae*

O resultado apresentado na Tabela 4.20 indicou que a população de ácaros variou de 3,93 a 19,53 por folha de 4 cm^2 com uma média de 7,55 por folha de 4 cm^2 durante 2020. A população de ácaros registada pela primeira vez (3,93 por folha de 4 cm^2) durante 12th SMW, *ou seja,* 3rd semanas após a germinação, aumentou gradualmente e atingiu o pico mais elevado (19,53 por folha de 4 cm^2) durante 18th SMW, *ou seja,* 9th semanas após a germinação. Depois disso, a população diminuiu até à remoção da cultura.

Durante 2021, a população de ácaros variou de 3,55 a 20,95 por folha de 4 cm^2 com uma média de 7,70 por folha de 4 cm^2 (Tabela 4.20). A população de ácaros apareceu (3,55 por folha de 4 cm^2) durante 12th SMW i.*e.* 3rd semanas após a sementeira, aumentou gradualmente e atingiu o pico mais alto (20,95 por folha de 4 cm^2) durante 18th SMW *i.e.* 9th semanas após a sementeira. Depois disso, a população diminuiu à medida que a cultura amadurecia.

Os dados médios de dois anos indicaram que a população de ácaros (Tabela 4.20 e Fig. 4.7) variou de 3,74 a 20,24 por folha de 4cm^2 com uma média de 7,63 por folha de 4cm^2 . A população de ácaros começou (3,74 por folha de 4cm^2) durante 12th SMW i.*e.* 3rd semanas após a germinação, aumentou gradualmente e atingiu o pico mais alto (20,24 por folha de 4cm^2) durante 18th SMW *i.e.* 9th semanas após a germinação. Depois disso, a população diminuiu à medida que a cultura amadurecia.

Quadro 4.20: População de pragas sugadoras em cabaça cultivada em sistemas biológicos durante o verão de 2020 e 2021

N.º Sr.	SMW	WAG	População de pulgões por folha			População de mosca branca por folha			População de cigarrinhas por folha			População de ácaros por 4 cm^2 área foliar/folha		
			2020	2021	Média	2020	2021	Média	2020	2021	Média	2020	2021	Média
1	10	1	0.00	0.00	0.00	0.00	0.00	0.00	0.00	0.00	0.00	0.00	0.00	0.00
2	11	2	0.05	0.15	0.10	0.00	0.00	0.00	1.11	1.63	1.37	0.00	0.00	0.00
3	12	3	0.70	0.30	0.50	0.53	0.76	0.65	2.79	2.47	2.63	3.93	3.55	3.74
4	13	4	1.25	1.45	1.35	1.31	0.92	1.12	4.83	3.81	4.32	5.89	5.07	5.48

5	14	5	2.90	1.70	2.30	1.65	1.32	1.49	5.49	4.87	5.18	6.12	6.93	6.52
6	15	6	10.68	6.62	8.65	2.21	2.59	2.40	7.87	5.17	6.52	8.92	7.56	8.24
7	16	7	13.10	8.30	10.70	3.68	3.20	3.44	8.39	7.27	7.83	10.87	13.30	12.08
8	17	8	18.25	19.75	19.00	2.07	2.17	2.12	6.15	6.39	6.27	16.40	17.26	16.83
9	18	9	14.80	16.70	15.75	1.89	2.01	1.95	5.81	4.21	5.01	19.53	20.95	20.24
10	19	10	12.40	14.20	13.30	1.52	1.92	1.72	4.73	3.57	4.15	17.18	16.87	17.02
11	20	11	6.52	6.28	6.40	1.33	1.53	1.43	3.53	3.39	3.46	9.39	8.69	9.04
12	21	12	0.00	0.00	0.00	0.72	0.98	0.85	2.17	2.83	2.50	0.00	0.00	0.00
13	22	13	0.00	0.00	0.00	0.00	0.00	0.00	1.73	2.13	1.93	0.00	0.00	0.00
Média			**6.20**	**5.80**	**6.00**	**1.40**	**1.42**	**1.41**	**4.20**	**3.67**	**3.93**	**7.55**	**7.70**	**7.63**

SMW= Semana Meteorológica Padrão WAG= Semana Após a Germinação

4.3.2 **Desfolhadores e infestantes de frutos**

Besouro vermelho da abóbora, *A. foveicollis*

O resultado apresentado na Tabela 4.21 revelou que a população de RPB (besouro vermelho da abóbora) variou de 0,48 a 3,64 por planta, com uma média de 1,96 por planta. A população de RPB apareceu (0,52 por planta) durante 11th SMW i.*e.* 2nd semana após a germinação, aumentou gradualmente e atingiu o pico mais alto (3,64 por planta) durante 18th SMW *i.e.* 9th semana após a germinação. Depois disso, a população diminuiu à medida que a cultura amadurecia.

Durante 2021, a população de RPB variou de 0,60 a 4,84 por folha, com uma média de 2,02 por planta (Tabela 4.21). A população de RPB apareceu (0,60 por planta) durante 11th SMW i.*e.* 2nd semana após a sementeira, aumentou gradualmente e atingiu o pico mais alto (4,84 por planta) durante 18th SMW *i.e.* 9th semana após a sementeira. Depois disso, a população diminuiu à medida que a cultura amadurecia.

Os dados médios de dois anos indicaram que a população de RPB (Tabela 4.21 e Fig. 4.8) variou de 0,24 a 4,16 por planta com uma média de 1,98 por planta. A população de RPB começou (0,56 por planta) durante 11th SMW i.*e.* 2nd semana após a germinação, aumentou gradualmente e atingiu o pico mais alto (4,16 por planta) durante 17th SMW *i.e.* 8th semana após a germinação. Depois disso, a população diminuiu à medida que a cultura amadurecia.

Moscas da fruta, *B. cucurbitae*

O resultado apresentado na Tabela 4.20 revelou que a população de mosca da fruta variou de 1,00 a 9,90 por planta com uma média de 3,62 por planta. A população de mosca da fruta apareceu (1,00 por planta) durante 15th SMW i.*e.* 6th semana após a germinação, aumentou gradualmente e atingiu o pico mais alto (9,90 por planta) durante 19th SMW *i.e.* 10th semana após a germinação. Depois disso, a população diminuiu à medida que a cultura amadurecia.

Durante 2021, a população de moscas-das-frutas variou de 1,70 a 11,60 por planta, com uma média de 3,64 por planta (Tabela 4.21). A população de moscas-das-frutas apareceu (1,70 por planta) durante 15th SMW, ou *seja,* 6th semana após a sementeira, aumentou gradualmente e atingiu o pico mais alto (11,60 por planta) durante 19th SMW, ou *seja,* 8th semana após a sementeira. Depois disso, a população diminuiu à medida que a cultura amadurecia.

Os dados médios de dois anos indicaram que a população de mosca da fruta (Tabela 4.21 e Fig. 4.8) variou de 1,35 a 10,75 por planta com uma média de 3,63 por planta. A população de mosca da fruta começou (1,35 por folha) durante 15th SMW *i.e.* 6th semana após a germinação, aumentou gradualmente e atingiu o pico mais alto (10,75 por planta)

Quadro 4.21: População de escaravelho vermelho da abóbora, mosca da fruta e

coccinelídeos em cabaça cultivada em sistemas biológicos durante o verão de 2020 e 2021

N.º Sr.	SMW	WAG	População de escaravelho da abóbora vermelha por planta			População de moscas da fruta por planta			população de coccinelídeos por planta		
			2020	2021	Média	2020	2021	Média	2020	2021	Média
1	10	1	0.00	0.00	0.00	0.00	0.00	0.00	0.00	0.00	0.00
2	11	2	0.52	0.60	0.56	0.00	0.00	0.00	0.50	0.00	0.25
3	12	3	0.64	0.88	0.76	0.00	0.00	0.00	0.75	0.25	0.50
4	13	4	1.28	1.48	1.38	0.00	0.00	0.00	0.64	0.57	0.61
5	14	5	2.48	2.32	2.4	0.00	0.00	0.00	0.68	0.70	0.69
6	15	6	2.8	2.92	2.86	1.00	1.70	1.35	0.70	0.74	0.72
7	16	7	3.44	3.84	3.64	5.00	2.00	3.50	0.75	0.83	0.79
8	17	8	3.48	4.84	4.16	6.70	5.30	6.00	0.59	0.71	0.65
9	18	9	3.64	3.72	3.68	7.00	7.70	7.35	0.43	0.49	0.46
10	19	10	2.76	3.04	2.9	9.90	11.60	10.75	0.05	0.15	0.10
11	20	11	2.52	1.90	2.21	8.50	9.30	8.90	0.05	0.05	0.05
12	21	12	1.36	0.80	1.08	5.80	6.60	6.20	0.00	0.00	0.00
13	22	13	0.48	0.00	0.24	3.20	3.10	3.15	0.00	0.00	0.00
Média			**1.96**	**2.02**	**1.98**	**3.62**	**3.64**	**3.63**	**0.40**	**0.35**	**0.37**

SMW= Semana Meteorológica Padrão WAG= Semana Após a Germinação

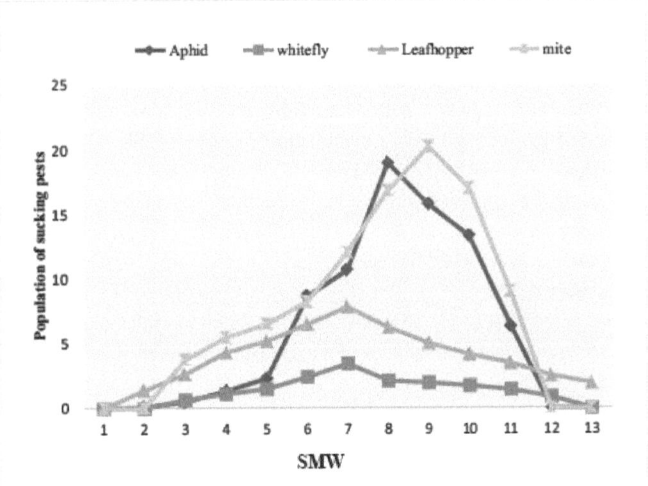

Fig. 4.7: População de pragas sugadoras em cabaça de garrafa cultivada em sistemas orgânicos durante o verão de 2020 e 2021

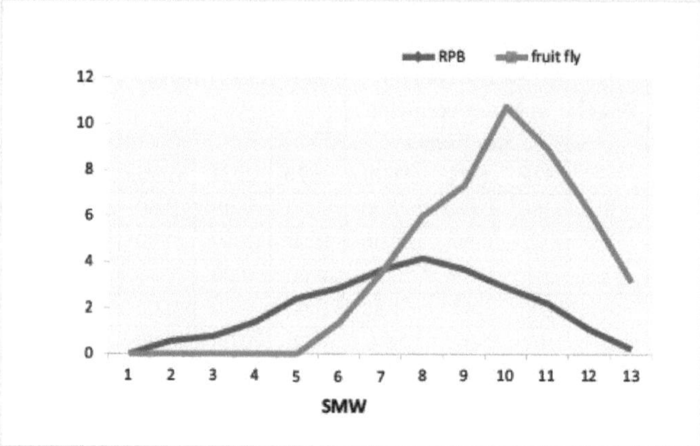

Fig. 4.8: População do escaravelho vermelho da abóbora e da mosca da fruta na cabaça cultivada em sistemas biológicos durante o verão de 2020 e 2021

durante 19th SMW *i.e.* 10th semana após a germinação. Depois disso, a população diminuiu à medida que a cultura amadurecia.

4.3.3 Inimigos naturais

Coccinelídeos

Durante 2020 (Tabela 4.21), a população de coccinelídeos iniciou-se no sistema de agricultura biológica de cabaça de garrafa a partir de 2 WAG (11th SMW), quando a cultura estava em fase vegetativa, depois a população persistiu até 11 WAG (20th SMW). A população aumentou gradualmente e indicou o seu pico (0,75/planta) durante 7th WAG (16th SMW).

Durante 2021 (Quadro 4.21), a população de coccinelídeos começou a partir de 3rd WAG (12th SMW) e continuou durante todo o período de cultivo até 11 WAG (20th SMW). Aumentou gradualmente indicando seu pico (0,83 / planta) em 7 WAG (16th SMW), enquanto foi o mais baixo (0,05 / planta) em 11 WAG (20th SMW).

Os dados médios de dois anos indicaram que os coccinelídeos apareceram durante 2nd WAG (11th SMW) e persistiram até 11 WAG (20th SMW). A população atingiu o seu pico (0,79/planta) durante 7 WAG (16th SMW).

4.3.4 Estudo de correlação

Os dados sobre a população de insectos nocivos foram correlacionados com diferentes parâmetros meteorológicos. Os resultados obtidos são apresentados nos quadros 4.22 e 4.23 e são discutidos a seguir.

Pulgão, *A. gossypii*

A correlação entre a população de afídeos e a temperatura máxima (0,820) foi altamente significativa e positiva, enquanto os restantes factores abióticos não indicaram qualquer correlação significativa durante 2020 (Quadro 4.22).

A correlação entre a população de pulgões e a temperatura máxima (0,808) foi significativa e positiva, enquanto os restantes factores abióticos não apresentaram qualquer correlação significativa com a população da praga durante 2021.

Mosca branca, *B. tabaci*

Durante 2020, nenhum dos factores abióticos apresentou qualquer associação significativa com a população de moscas brancas, exceto a luz solar intensa, que indicou uma correlação significativa e positiva (0,594).

Durante 2021, as horas de sol brilhante (0,624) foram significativamente correlacionadas de forma positiva com a população de mosca branca. Os resultados dos restantes parâmetros meteorológicos não foram significativos.

Cigarrinha, *E. kerri*

Os dados sobre a correlação entre a população de cigarrinhas e os parâmetros meteorológicos (Quadro 4.22) indicaram que a temperatura máxima (0,805) estava significativamente correlacionada de forma positiva com a população de cigarrinhas durante 2020, enquanto os restantes factores abióticos não indicaram qualquer correlação significativa com a população da praga.

Em 2021, a população de cigarrinhas apresentou uma correlação significativamente positiva (0,792) com a temperatura máxima, enquanto os resultados para os restantes parâmetros meteorológicos não foram significativos (quadro 22).

Ácaro, *T. urticae*

Durante 2020, a população de ácaros vermelhos foi significativamente correlacionada de forma positiva com a temperatura (máxima e mínima), com um coeficiente de correlação de 0,561 e 0,590. Os restantes parâmetros meteorológicos não foram significativos (Quadro 4.22).

Os dados sobre a correlação entre a população de ácaros e os parâmetros meteorológicos durante 2021 indicaram que a temperatura (máxima, mínima) (0,545 e 0,650) estava significativamente correlacionada de forma positiva, enquanto que os restantes parâmetros meteorológicos não eram significativos (Quadro 4.22).

As presentes constatações são mais ou menos semelhantes aos resultados de Lekshmi *et al.* (2014), que observaram uma maior população de insectos sugadores quando a cultura era jovem e diminuíram-na mais tarde na cabaça amarga e a correlação com os factores meteorológicos revelou que a temperatura máxima e mínima tinham uma correlação negativa significativa com a acumulação da população de insectos sugadores.

Deepika *et al.* (2013) observaram uma população máxima de cigarrinhas durante 28th e 32nd semana padrão em 2008 e 2009, respetivamente. Enquanto a população de mosca branca estava abaixo do nível ETL. A população de cigarrinhas e de moscas brancas foi significativamente correlacionada positivamente com a temperatura e negativamente com a precipitação. Sunil *et al.* (2017) estudaram a incidência sazonal de pragas de insectos sugadores na cabaça amarga durante a estação kharif. Os estudos de correlação entre a incidência sazonal de afídeos e diferentes parâmetros meteorológicos revelaram que existia uma correlação positiva fraca entre a incidência de afídeos e a temperatura máxima (r= 0,08). Por outro lado, existia uma correlação negativa

Quadro 4.22: Correlação entre a população de pragas sugadoras e os parâmetros meteorológicos no sistema de produção biológica de cabaça

Parâmetros meteorológicos	Coeficiente de correlação (r)							
	População de pulgões		População de mosca branca		População de cigarrinhas		População de ácaros	
	2020	2021	2020	2021	2020	2021	2020	2021
Temp. máxima (Xi)	0.820**	0.808**	0.197	0.302	0.805**	0.792**	0.561*	0.545*
Temp. mínima (X2)	-0.203	-0.052	0.199	0.222	-0.115	-0.046	0.590*	0.650*

Humidade relativa matinal (X3)	0.263	-0.241	-0.217	-0.080	0.231	-0.195	0.133	0.154
Noite RH (X4)	-0.363	-0.243	0.066	0.122	-0.291	-0.229	-0.222	-0.046*
Velocidade do vento (X5)	-0.397	-0.307	0.002	0.003	-0.286	-0.302	0.201	0.448
Luz do sol brilhante (Xe)	0.049	0.405	0.594*	0.624*	0.025	0.434	0.308	0.352
Nota: *A correlação é significativa a 5%; **A correlação é significativa a 1% são mencionadas com base em variáveis significativas.							es na análise por etapas	

entre a temperatura mínima (r= -0,49), a UR máxima (r= -0,005) e a UR mínima (r= -0,40). A correlação não foi significativa entre o tripes e a temperatura máxima (r= -0,22), a temperatura mínima (r = -0,001), a humidade relativa máxima (r= -0,04), a humidade relativa mínima (r= -0,12) e a precipitação (r= -0,03). Existiu uma correlação positiva não significativa entre a incidência de mosca branca e a temperatura máxima (r = 0,39), a temperatura mínima (r = 0,05) e a precipitação (r = 0,23). Enquanto foi observada uma correlação negativa não significativa com a UR máxima (r= -0,35) e a UR mínima (r= -0,12). Da mesma forma, Tamilnayagan *et al.* (2017), de Tamil Nadu, relataram que a análise de correlação entre os parâmetros meteorológicos e a abundância de *B. tabaci* revelou que a temperatura máxima foi negativamente correlacionada com a população de moscas brancas (r = 0,708), a temperatura mínima foi negativamente correlacionada com a população de moscas brancas (r = -0,158). As horas de sol foram positivamente correlacionadas (r=0,646), enquanto a humidade relativa nocturna e a precipitação foram negativamente correlacionadas com o valor de -,528 e -0,197, respetivamente.

Besouro vermelho da abóbora, *A. foveicollis*

Durante 2020, a temperatura mínima e a humidade relativa (de manhã e à noite) mostraram uma correlação negativa altamente significativa com a população de RPB, com um valor de r de - 0,812, -0,505 e -0,695, respetivamente, ao passo que as horas de sol brilhante (0,527) apresentaram uma correlação positiva altamente significativa com a população de RPB. Os outros parâmetros meteorológicos não foram significativos (Tabela 4.23).

Durante o ano de 2021, a temperatura mínima (-0,830) e a humidade relativa nocturna (0,621) foram significativamente correlacionadas de forma negativa com a população de RPB. A temperatura máxima (-0,491) foi significativamente correlacionada de forma negativa com a população de RPB. Os outros parâmetros meteorológicos mostraram resultados não significativos, indicando nenhuma influência sobre a praga (Tabela 4.23).

Khursheed *et al.,* 2013 referiram que a população de *A. foveicollis* no pepino estava ativa a partir da segunda quinzena de abril, com três picos durante as semanas 2nd e 4th de maio e 3rd de julho de 2009, enquanto que em 2010 se registou um pico importante durante a semana 2nd de maio. No campo do agricultor, em Bara (Hamirpur), o primeiro aparecimento foi observado durante a primeira quinzena de março e atingiu o seu pico durante 3rd e 2nd semanas de abril de 2009 e 2010, respetivamente. Observou-se uma infestação de um por cento quando a cultura se encontrava na sua fase inicial de crescimento. Os estudos de correlação revelaram uma correlação negativa significativa com a temperatura mínima no campo do agricultor, enquanto que os outros parâmetros climáticos no sistema de cultivo biológico de cabaça de garrafa estão relacionados com o escaravelho vermelho da abóbora, a mosca da fruta e os coccinelídeos.

Parâmetros meteorológicos	Coeficiente de correlação (r)					
	População RPB		População de moscas da fruta		População de Coccinellids	
	2020	2021	2020	2021	2020	2021
Temp. máxima (Xi)	0.126	-0.491	0.183	0.234	0.023	0.175
Temp. mínima (X2)	-0.812**	-0.830**	0.530	0.619*	0.620*	0.630*
Humidade relativa matinal (X3)	-0.505**	-0.339	-0.042	0.108	-0.121	0.120
Noite RH (X4)	-0.695**	-0.621*	0.368	0.528	0.474	0.574*
Velocidade do vento (X5)	-0.349	-0.266	0.293	0.412	0.428	0.433
Luz do sol brilhante (Xe)	0.527	0.221	0.373	0.638*	0.384	0.593*

Nota: *A correlação é significativa a 5%; **A correlação é significativa a 1% são mencionadas com base nas variáveis significativas na análise passo a passo **os parâmetros meteorológicos não tiveram um efeito significativo na população de escaravelhos em Palampur, bem como em Bara. Assim, os resultados acima referidos apoiaram as conclusões do presente inquérito.**

Moscas da fruta, *B. Cucurbitae*

Os dados sobre a correlação entre a população de mosca da fruta e os parâmetros meteorológicos revelaram que nenhum dos parâmetros meteorológicos apresentou uma correlação positiva significativa com a população de mosca da fruta durante 2020 (Quadro 4.23).

Durante 2021, a temperatura mínima (0,619) e a luz solar intensa (0,638) foram significativamente correlacionadas de forma positiva com a população de pragas (Quadro 4.23).

A presente constatação é mais ou menos semelhante aos resultados de Singh e Naik (2006), que referiram que a infestação por *B. cucurbitae* era baixa em janeiro, tendo aumentado gradualmente e atingido o pico em março, diminuindo posteriormente. Entre os factores meteorológicos, a temperatura (máxima e mínima) favoreceu os danos da mosca da fruta, enquanto a humidade relativa mínima afectou negativamente os danos da praga.

Coccinelídeos

A correlação entre a população de coccinelídeos e os parâmetros meteorológicos (Quadro 4.23) revelou que a temperatura mínima (0,620) estava significativamente correlacionada de forma positiva com a população de coccinelídeos durante 2020, enquanto os restantes factores não apresentaram qualquer correlação significativa com a população da praga.

Durante 2021, a temperatura mínima (0,630), a humidade relativa vespertina (0,547) e as horas de sol brilhante (0,593) apresentaram uma correlação positiva significativa com a população de coccinelídeos (Quadro 4.23).

O resultado alcançado nesta investigação é, portanto, uma concordância adjacente à narração anterior de Saha *et al.* (2018) que experimentou estudar a dinâmica populacional dos seis insectos-praga predominantes do pepino e dos seus inimigos naturais em relação aos parâmetros meteorológicos. Os estudos de correlação entre as pragas de insectos e os parâmetros meteorológicos revelaram que os inimigos naturais, como os coccinelídeos, apresentaram uma correlação positiva significativa com a temperatura máxima e mínima e uma correlação negativa não significativa com a humidade relativa e a precipitação. A hora de sol apresentou uma correlação positiva.

CAPÍTULO 5

RESUMO E CONCLUSÃO

A presente investigação sobre "Biodiversidade de insetos e ácaros em sistemas de agricultura orgânica de cabaça de garrafa [*Lagenaria siceraria* (Molina) Standley]" foi realizada na Unidade de Agricultura Orgânica, ASPEE College of Horticulture and Forestry, Navsari Agricultural University, Navsari durante 2020 a 2021. Os resultados obtidos são resumidos a seguir.

5.1 RESUMO

5.1.1 Biodiversidade de insectos e ácaros em sistema de agricultura biológica de cabaça

i. Foi observado um total de 42 espécies de diferentes insectos e ácaros pertencentes a 35 famílias e 12 ordens, *nomeadamente* Hemiptera, Dermaptera, Mantodea, Odonata, Orthoptera, Coleoptera, Diptera, Hymenoptera, Lepidoptera, Neuroptera, Acarina e Araneae na cabaça biológica.

ii. Verificou-se que a ordem Hemiptera é dominante, seguida da Lepidoptera. Coleópteros. A ordem Hemiptera foi dominada por 10 famílias, *nomeadamente* Aleyurodidae, Alydidae, Aphididae, Cicadellidae, Lygaeidae, Miridae, Pyrrhocoridae, Plataspididae, Pentatomidae e Reduvidae, distribuídas por 11 espécies, seguidas da ordem Lepidoptera, com cinco famílias, nomeadamente Noctuidae, Pterophoridae, Crambidae, Nymphalidae e Pieridae, distribuídas por seis espécies, e da ordem Coleoptera, com cinco famílias, nomeadamente Noctuidae, Pterophoridae, Crambidae, Nymphalidae e Pieridae, distribuídas por seis espécies, Noctuidae, Pterophoridae, Crambidae, Nymphalidae e Pieridae distribuídas em seis espécies, a ordem Coleoptera com três famílias *viz*., Chrysomelidae, Coccinellidae e Nitidulidae distribuídas em seis espécies e Hymenoptera com três famílias *viz*., Apidae, Formicidae e Ichneumonidae distribuídas em quatro espécies.

iii. Onze espécies de Hemiptera, que incluem *Bemisia tabaci*, *Riptortis pedestris*, *Aphis gossypii*, *Empoasca kerri*, *Geocoris tricolor*, *Lygaeus hospes*, *Nesidiocoris* spp, *Dysdercus cingulatus,Coptosoma cribraria*, *Nezara virudula*, *Rhynocoris fuscipes*; 6 espécies de Lepidoptera que são; *Helicoverpa armigeraSphenarches anisodactylus*, *Diaphania indica*, *Spoladea recurvallis*, *Danaus chrysippus*, *Eurema hecabe*, *Chrysoperla carnea* outras seis da ordem coleptera como; *Aulacophora foveicollis*, *Aulacophora intermedia*, *Coccinella transversalis*, *Cheilomenes sexmaculata*, *Illeis cincta*, *Haptones* spp. e quatro espécies de himenópteros, como *Apis dorsata*, *Apis cerana indica*, *Camponotus compressus* e *Ichneumonidae* sp.

iv. Um total de 5093 insectos e ácaros foram amostrados de fevereiro de 2020 a maio de 2021. Entre eles, 18 insectos eram herbívoros e infestavam a cultura e os restantes 24 eram inimigos naturais (predadores, parasitóides e polinizadores). As pragas de insectos pertenciam a 12 ordens diferentes, *nomeadamente* Hemiptera (11), Lepidoptera (6), Coleoptera (6), Hymenoptera (8), Diptera (3), Dermaptera (1) Mantodea (1), Orthoptera (3), Odonata (2), Neuroptera (1), duas espécies de aranhas pertencentes à ordem Araneae e uma espécie de ácaro da ordem Acariae.

v. O índice de diversidade de Shannon e a riqueza de espécies de insectos e ácaros da cultura biológica de cabaça foram registados como 2,94 e 10,57, respetivamente. O índice de equidade das espécies (0,80), com uma grande variação em direção a um, indica uma enorme desigualdade de espécies na comunidade.

vi. A ordem Hemiptera (36,66%) e Coleoptera (32,32%) foi relativamente mais abundante nas explorações biológicas, seguida das outras ordens. Entre os hemípteros, *Aphis gossypii* foi a espécie mais abundante, com 9,28% de abundância, seguida de *Nesidiocoris* spp. com 10,72% de abundância e, entre os coleópteros, *Aulacophora foveicollis* foi a espécie mais abundante, com 17,00% de abundância, sendo considerada uma espécie muito comum.

vii. No que diz respeito à distribuição mensal em condições de agricultura biológica, a distribuição mais elevada (41,16%) de insectos e ácaros foi observada durante o mês de abril, seguida de (41,10%) em março e a mais baixa (17,74%) foi registada durante o mês de maio.

5.1.2 Inventário geral de insectos e ácaros da cabaça de garrafa no Sul de Gujarat

i. O catálogo fotográfico de 42 espécies de insectos e ácaros da cabaça de garrafa foi documentado e identificado na cultura biológica de cabaça de garrafa. No presente estudo, foram identificadas as seguintes espécies *Illeis cincta* de Coleopteran, *Pantala flavescens, Orthetrum sabina* de Odonata, *Labidura riparia* de Dermeptera, *Mantis religiosa* de Mantodea, *Atractomorpha crenulata, Oecanthus indicus, Gryllus sp. de* Orthoptera, *Chrysoperla carnea* de Neuroptera, *Argiope anasuja, Oxyopes birmanicus* de Araneae enquanto *Geocoris tricolor, Nesidiocoris spp, Coptosoma cribraria, Spilostethus hospes, Rhynocoris fuscipes* de Hemiptera foram registados pela primeira vez em cabaças biológicas do Sul de Gujarat.

ii. Finalmente, o inventário de insectos e ácaros da cabaça de garrafa a nível nacional e estatal foi reforçado com 108 e 42 espécies diferentes de insectos e ácaros da cabaça de garrafa.

5.1.3 Abundância de pragas de insectos e ácaros em relação aos factores meteorológicos

Durante 2020, a população de pulgões variou de 0,05 a 18,25 por folha, com uma média de 6,20 por folha. A população de pulgões atingiu o pico mais elevado (18,25 por folha) durante 17th SMW i.*e.* 8th semana após a germinação. A população de pulgões variou de 0,15 a 19,75 por folha com uma média de 5,80 por folha durante 2021. A população de afídeos atingiu o pico mais elevado (19,75 por folha) durante 17th SMW, *ou seja,* 8th semanas após a germinação. Depois disso, a população diminuiu e chegou a zero até à remoção da cultura. Os dados médios de dois anos revelaram que a população de pulgões variou de 0,10 a 19,00 por folha, com uma média de 6,00 por folha. A população de pulgões atingiu o pico mais alto (19,00 por folha) durante 17th SMW i.*e.* 8th semana após a sementeira.

Durante 2020, a população de mosca branca variou de 0,53 a 3,68 por folha com uma média de 1,40 por folha. A população de mosca branca atingiu o pico mais alto (3,68 por folha) durante 16th SMW, *ou seja,* 7th semanas após a germinação. A população de mosca branca estava na faixa de 0,76 a 3,20 por folha com uma média de 1,42 por folha durante 2021. A população de mosca branca atingiu o pico mais elevado (3,20 por folha) durante 16th SMW, *ou seja,* 7th semanas após a germinação. A média de dois anos revelou que a população de mosca branca variou de 0,65 a 3,44 por folha com uma média de 1,41 por folha. A população de mosca branca aumentou gradualmente e atingiu o pico mais alto (3,44 por folha) durante 16th SMW, *ou seja,* 7th semanas após a sementeira.

Durante 2020, a população de cigarrinhas variou de 1,11 a 8,39 por folha, com uma média de 4,20 por folha. A população de cigarrinhas foi registada no pico mais alto (8,39 por folha) durante 16th SMW *i.e.* 7th semana após a germinação. Durante 2021, a população de cigarrinhas variou de 1,63 a 7,27 por folha, com uma média de 3,67 por folha durante 2021. A população de cigarrinhas atingiu o pico mais alto (7,27 por folha) durante 16th SMW i.*e.* 7th semana após a germinação. A média de dois anos revelou que a população de cigarrinhas variou entre 1,37 e 7,83 por folha, com uma média de 3,63 por folha. A população de cigarrinhas registou o pico mais elevado (7,83 por folha) durante 16th SMW, *ou seja,* 7th semanas após a sementeira.

A população de ácaros variou de 3,93 a 19,53 por 4 cm^2 de área foliar, com uma média de 7,55 durante 2021. A população de ácaros atingiu o pico mais alto (19,53 por folha de 4 cm^2) durante 18th SMW, *ou seja,* 9th semana após a germinação. Durante 2021, a população de ácaros variou de 3,55 a 20,95 por folha de 4 cm^2 com uma média de 7,70 por folha de 4 cm^2 . A população de ácaros atingiu o pico mais elevado (20,95 por folha de 4 cm^2) durante 18th SMW, *ou seja,* 9th semanas após a sementeira. A média de dois anos indicou que a população de ácaros variou de 3,74 a 20,24 por folha de 4 cm^2 com uma média de 7,63 por folha de 4 cm^2 . A população de ácaros atingiu o pico mais alto (20,24 por folha de 2 cm^2) durante 18th SMW, *ou seja,* 9th semanas após a germinação.

A população do escaravelho vermelho da abóbora (RPB) variou de 0,48 a 3,64 por folha, com uma média de 1,96 por folha. A população de RPB estava no pico mais alto (3,64 por folha) durante 18th SMW. Durante 2021, a população de RPB variou de 0,60 a 4,84 por folha, com uma média de 2,02 por folha. A população de RPB atingiu o pico mais elevado (4,84 por folha) durante 18th SMW. Os dados médios de dois anos indicaram que a população de RPB variou de 0,24 a 4,16 por folha, com uma média de 1,98 por folha. A população atingiu o pico mais elevado (4,16 por folha) durante 17th SMW.

A população de moscas da fruta variou de 1,00 a 9,90 por planta, com uma média de 3,62 por planta. A população de mosca da fruta foi a mais alta (9,90 por planta) durante 19th SMW. Durante 2021, a população de mosca da fruta variou de 1,70 a 11,60 por planta, com uma média de 3,64 por planta. A população atingiu o pico mais alto (11,60 por planta) durante 19th SMW. Os dados médios de dois anos indicaram que a população de mosca da fruta variou de 1,35 a 10,75 por planta, com uma média de 3,63 por planta. A população de mosca da fruta atingiu o pico mais alto (10,75 por planta) durante 19th SMW.

Durante 2020, a população de coccinelídeos registou o pico mais elevado (0,75/planta) durante 7th WAG (16th SMW). Durante 2021, a população de coccinelídeos começou a partir de 3rd WAG (12th SMW) e atingiu o seu pico (0,83/planta) em 7 WAG (16th SMW). Os dados médios de dois anos indicaram que os coccinelídeos apareceram durante 2nd WAG (11th SMW) e persistiram até 11 WAG (20th SMW). A população atingiu o seu pico (0,79/planta) durante 7 WAG (16th SMW).

Estudo de correlação

A correlação entre a população de afídeos e a temperatura máxima (0,820) foi altamente significativa e positiva durante 2020. A correlação entre a população de pulgões e a temperatura máxima (0,808) foi significativa e positiva durante 2021.

Em 2020, a população de mosca branca apresentou uma correlação significativa e positiva (0,594) com as horas de sol brilhante. Durante 2021, as horas de sol brilhante (0,624) foram significativamente correlacionadas de forma positiva com a população de moscas brancas.

A correlação entre a população de cigarrinhas e os parâmetros meteorológicos indicou que a temperatura máxima (0,805) estava significativamente correlacionada de forma positiva com a população de cigarrinhas durante 2020, enquanto a população de cigarrinhas mostrou uma correlação significativamente positiva (0,792) com a temperatura máxima durante 2021.

Em 2020, a população de ácaros vermelhos foi significativamente correlacionada de forma positiva com a temperatura (máxima e mínima), com valores de coeficiente de correlação de 0,561 e 0,590. Em 2021, a temperatura (máxima e mínima) (0,545 e 0,650) foi significativamente correlacionada de forma positiva com a população de ácaros vermelhos.

Em 2020, a temperatura mínima e a humidade relativa (de manhã e ao fim do dia) apresentaram uma correlação negativa altamente significativa com a população da RPB, com um valor r de - 0,812, -0,505 e -0,695, respetivamente, ao passo que as horas de sol brilhante (0,527) apresentaram uma correlação positiva altamente significativa com a população da RPB. Durante 2021, a temperatura mínima (-0,830) e a humidade relativa vespertina (-0,621) foram significativamente correlacionadas de forma negativa com a população de RPB. A temperatura máxima (-0,491) foi significativamente correlacionada de forma negativa com a população da RPB.

Nenhum dos parâmetros meteorológicos mostrou uma correlação com a mosca da fruta durante 2020, enquanto que, durante 2021, a temperatura mínima (0,619) e a luz solar intensa (0,638) foram significativamente correlacionadas positivamente com a população da praga.

A correlação entre a população de coccinelídeos e os parâmetros meteorológicos revelou que a temperatura mínima (0,620) estava significativamente correlacionada de forma positiva com a população de coccinelídeos em 2020, ao passo que a temperatura mínima (0,630), a humidade relativa ao fim do dia (0,547) e as horas de sol brilhante (0,593) apresentaram uma correlação positiva significativa com a população de coccinelídeos em 2021.

5.2 CONCLUSÃO

A partir do presente inquérito, pode concluir-se que:

> Insectos como a mosca da fruta [*Bactrocera cucurbitae* Coq.], o escaravelho vermelho da abóbora [*Aulacophora foveicollis* (Lucas)], o escaravelho preto da abóbora [*Aulacophora foveicollis* (Fabricius)], a lagarta da abóbora [*Margaroria indica* (Saunders)], o mineiro americano da serpentina [*Liriomyza trifolii* (Burgess)], a traça da cabaça [*Sphenarches anisodactylus* (Walker)], os afídeos [*Aphis* spp.], os insectos dudhi [*Nesidiocoris tenuis* Reut.] são pragas-chave, causando perdas substanciais todos os anos na cabaça biológica.

> Foi elaborado um inventário de 108 insectos e ácaros da cabaça de garrafa de uma forma organizada. 16 espécies de insectos de cabaça de garrafa são assinaladas como um novo registo de Gujarat que actualizou a lista de verificação de Gujarat.

> A população de pulgões (19,00 por folha), a população de moscas brancas (3,44 por folha), cigarrinhas (7,83 por folha), ácaros (20,24 por folha de $4cm^2$), besouro vermelho da abóbora (4.16 por folha), mosca da fruta (10,75 por planta) e coccinelídeos (0,79/planta) observados no pico durante 17th SMW, 16th SMW, 16th SMW, 18th SMW, 17th SMW, 19th SMW e 16th SMW, respetivamente.

> Entre os parâmetros meteorológicos, a temperatura, a humidade relativa e as horas de sol brilhante influenciaram a população de pragas na cabaça de garrafa.

REFERÊNCIAS

Abdel-Moniem, A. S. H., Goma, A. A., Dimetry, N. Z., Wetzel, T. e Volknar, C. (2004). Avaliação laboratorial de certos compostos contra a joaninha do melão, *Epilanchna chrysomelina* F., que ataca plantas de cucurbitáceas. *Archives Phytopathology Plant Protection,* **37**: 71-81.

Abid, R. e Rana, N. (2019) Diversidade e abundância de comunidades de insectos de folhagem em solo amargo. *Jornal Asiático de Avanços em Pesquisa Agrícola,* **9** (2): 112.

Ahmed, S., Huq, S. B. e Tslukder, F. A. (1991). Taxa de infestação do escaravelho comedor de folhas, *Monolepta orientalis* (Coleoptra : Galerucidae) a diferentes variedades de batata. *Agricultura Progressiva,* **2** (1): 93-95.

Akhtaruzzaman, M., Alam, M. Z. e Sardae, M. A. (1999). Identificação e distribuição das moscas da fruta que infestam as cucurbitáceas no Bangladesh. *Bangladesh Journal of Entomology,* **9** (1&2): 93-101

Alam, M. Z. (1967). A Report on the survey of insect and mite fauna of East Pakistan. Instituto de Investigação Agrícola do Paquistão Oriental, Dacca. 151p.

> Alam, M. Z. (1969). Insect pests of vegetables and their control in east Pakistan. Serviço de Informação Agrícola, Departamento de Agricultura, 3 R. K. Mission Road, Dacca. 146 p.

> Alam, M. Z., Ahmed, A., Alam, S. e Islam, M. A. (1964). A Review of Research, Divion of Entomology (1947-1964). Serviço de Informação Agrícola, 3 R. K. Mission Road, Dacca. 272 p.

Alim, M. A., Hossain, M. A., Khan, M., Khan, S. A., Islam, M. S. e Khalequzzaman, M. (2012). Variação saeonal da mosca do melão, *Bactocera cucurbitae* (Coquillet) (Diptera: Tephritidae) em diferentes habitats agrícolas do Bangladesh. *ARPN Journal of Agricultural and Biological Science,* **7:** 905- 911.

Annonymus (1992). Conferência das Nações Unidas sobre Ambiente e Desenvolvimento, Rio de Janeiro, 3 a 14 de junho de 1992.

Anónimo (2021). Base de dados da horticultura indiana. Conselho Nacional de Horticultura, Ministério da Agricultura, Governo da Índia.

Atwal, A. S. e Dhaliwal, G. S. (2002). Agricultural Pests of South Asia and their Management, publicado por Kalyani publidhers, pp 262-263.

Banerji, R., Sahoo, S. K., Das, S. K. e Jha, S. (2005). Estudos sobre a incidência da mosca do melão, *Bactrocera cucurbitae* (Coq.) em relação aos parâmetros meteorológicos na cabaça amarga na nova zona aluvial de Bengala Ocidental. *Journal of Entomology Research,* **29** (3), 179-182.

Barma, P. e Jha, S. (2013). Pragas de insectos e não insectos que infestam a cabaça pontiaguda (*Trichosanthes dioica* Roxb.) em Bengala Ocidental. *Bioscan,* **8** (2): 537-543.

Barros Pessoa de., Ligia Sampaio Reis., Isabelle Cristina Santos Magalhaes., Miriany de Oliveira Pereira., Ana Cleia Barbosa de Lira., Claudio Galdino da Silva., Jaciara Maria Pereira e Silva., Joao Gomes da Costa e Elio Cesar Guzzo. (2018). Diversidade de insetos em cultivos convencionais e orgânicos de tomate (*Solanum lycopersicum* L., Solanaceae). *African Journal of Agricultural Research.* **13** (10): 460-469.

Barrowclough, G. F. (1992). Systematics, biodiversity, and conservation biology (Sistemática, biodiversidade e biologia da conservação). *Systematics, ecology, and the biodiversity crisis. Columbia University Press, Nova Iorque.* pp, 121-143.

Basak, S. e Mandal, S. K. (2018). Identificação e registo de insectos polinizadores de girassol

(*Helianthus annuus* L.) na nova zona aluvial de Bengala Ocidental. *Jornal de Estudos de Entomologia e Zoologia,* **6** (2): 2415-2417.

Bashir, M. A., Saeed, S., Sajjad, A. e Ali, M. (2015). Variações sazonais na abundância e diversidade de polinizadores de insetos em ecossistemas florestais do sul do Punjab Paquistão. *Biologia Pura e Aplicada* **4** (3): 441-452. (http://dx.doi.org/10.19045/bspab.2015.43021).

Belavadi, V. V. (2015). Estudos taxonómicos sobre abelhas cortadoras de folhas (Hymenoptera: Megachilidae) de Karnataka. Tese de doutoramento, UAS, Bangalore. p, 315.

Bengtsson, J., Ahnstrom, J. e Weibull, A. C. (2005). The effects of organic agriculture on biodiversity and abundance: a Metaanalysis. *Journal of Applied Ecology*, **42**: 261- 269.

Bhardwaj H. e Srivastava M. (2012). Um estudo sobre visitantes de insetos de certas culturas vegetais de cucurbitáceas em um agroecossistema perto de Bikaner, Rajasthan, Índia. *Revista Académica* Vol. **2** (3), pp. 99-126.

Bhatia, S. K. e Mehto, Y. (1968). Notes on breeding of fruit flies, *Dacus ciliates* Loew and *Dacus cucurbitae* Coquillett in stem galls of *Coccinia indica* W & A, *Indian Journal Entomology,* **30** (3): 244-245.

Bhowmik, S. e Saha, S. (2017). Estudo sobre o complexo de pragas da cabaça de garrafa nas planícies gangéticas de Bengala Ocidental. *Jornal de Estudos de Entomologia e Zoologia*, **5**: 725727

Bingham, C. T. (1897). Fauna of British India, including Ceylon and Burma.
Hymenoptera - wasps and bees. *Taylor and Francis, Londres, 579* p.

Byrapaa, A. M. (2010). Impacto dos biopesticidas na biodiversidade em sistemas de cultivo biológico. Tese, M.Sc.(Agri.), UAS, Bengaluru.

Chapman, A. D. (2009). *Números de espécies vivas na Austrália e no mundo*. 2nd edition. Governo australiano, Departamento do Ambiente, Água, Património e Artes. Camberra, Austrália.

Chaudhuri, N. e Senapati, S. K. (2004). Incidência e biologia do minador de folhas, *Liriomyza trifolii* (Burg.), no tomate, influenciadas pelas condições climatéricas. *Annals of Protection Sciences*, **12**: 55-58.

Chaudhary, O. P. (2001). Abundância de polinizadores selvagens na colza e na mostarda.
Insect Environment, **7** (3): 141-142.

Chen, Y. O, WeiMing e Chen, P. (1998). Infestação de *Liriomyza sativae* e investigação sobre o controlo natural. *Ciências Agrícolas de Guangdong*, **2**: 33- 35.

Chintha, R. M., Das, R. K. e Mandal, S. K. (2002). Pragas e artrópodes benéficos que ocorrem na cabaça pontiaguda, *Trichosanthes dioica* Roxb. (Cucurbitaceae). *Jounal of International academician*, **6** (2): 174-179.

Chitra, N. e Soundararajan, R. P. (2011). Diversidade de insectos no ecossistema de ervilha-de-angola em Tamil Nadu. *Jornal Indiano de Entomologia.* **73** (4): 349-356.

Clergue, B., Amiaud, B., Pervanchon, F., Plantureux, B. (2005). Biodiversidade: função e avaliação nas zonas agrícolas. A review. Agronomy for Sustainable Development, Springer *Verlag/EDP Sciences/INRA*, **25** (1): pp.1- 15.

Das, G. P. (1998). Major insect and mite pests of important crops and stored products of Bangladesh (Principais pragas de insectos e ácaros de culturas importantes e produtos armazenados do Bangladesh). Instituto de Investigação Agrícola do Bangladesh, Joydebpur, Gazipur. pp. 102.

Deepika, K., Roshan L., Dahiya, K. K. e Bharti, Y. P. (2013). Dinâmica populacional de

pragas sugadoras e sua correlação com fatores abióticos. *Agriways,* **1** (1): 23-29.
Dharmraj, M. (2011). Diversidade de artrópodes no ecossistema de brinjal, cabaça de garrafa e cabaça com nervuras. Tese, M. Sc. (Agri.) TNAU, Coimbatore, 225 p.
Dhatt, A. e Khosa, J. S. (2015). Bottle gourd. *Handbook of Vegetables,* **3**: 49.
Dialoke, S. A., Peter-Onah, Ngwuta, A. A., Kabuo, N. O. Coookey, C. O e Akalazu, J. N. (2013). As ordens de insectos e a abundância relativa das principais espécies de pragas na cultivar de ervilha-de-angola de maturação precoce no Estado IMO, Nigéria. *Revista Internacional de Agricultura e Desenvolvimento Rural.* **1** (16): 1436- 1444
Dubale, M. M., Jalgaonkar, V. N., Golvankar, G. M., Naik, K. V. e Munj, A. Y. (2018). Atividade sazonal do besouro vermelho da abóbora na cabaça do cume e relação climática. *Jornal de Estudos de Entomologia e Zoologia,* **6** (6), 332-335
Ehrlich Paul e Ehrlich Anne (1981). *Extenction: The causes and consequences of disappearance of species* (Random House, Nova Iorque).
Gameel, S. M. M. (2013). Composição de espécies de pragas de artrópodes perfuradores e inimigos naturais associados que habitam campos de cucurbitáceas no novo vale do Egito. *Revista Académica Egípcia de Ciências Biológicas,* **6** (2): 73-79.
*Gameel, S. M. M. e Abdel-Gaid (2007). Suscetibilidade relativa de três cucurbitáceas à infestação de *Epilachna chrysomelina* F. (Coleoptera: Coccinellidae) em New Valley - Egipto. The 1st *International Conference on Desert Cultivation,* Minia Univ., pp. 85-90.
Ganapathy, N. C., Durai, R. e Karuppuchamy (2010). Bio-ecologia e gestão do mineiro de chumbo serpentino, *Liriomyza trifolii* (Burgess) em feijão-frade. *Karnataka Jounal of Agricultural Science,* **23** (1): 159-160.
Ganie S. A., Khan Z. H., Ahangar R. A., Bhat H. A. e Barkat Hussain (2013). Dinâmica populacional, distribuição e diversidade de espécies de moscas da fruta em cucurbitáceas no vale da Caxemira, *Indian Journal of Insect Science,* **13** (65): 1-7.
Gharde, S. K., Kumar, M., Mal, D. & Raut, A. M. (2019). Dinâmica populacional e manejo do besouro da abóbora *Aulacophora foveicollis* Lucas em cabaça de garrafa. *Think India Journal,* **22** (34): 1085-1090.
Ghatala S. L. (2007). Incidência sazonal, extensão das perdas e gestão do escaravelho vermelho da abóbora, *Raphidopalpa foveicollis* (Lucas) nas principais culturas de cucurbitáceas no sudeste do Rajastão Tese, M. Sc. (Agri.) Rajasthan College of Agriculture, MPUAT, Udaipur.
Ghosh, L. K. (2008). *Handbook on Hemipteran Pests in India (Manual sobre Pragas de Hemípteros na Índia)*: Publicado pelo Diretor, Zoological Survey of India, Kolkata, pp. 1-453.
Ghule, T. M., Uikey, B. L., Barma, P. e Jha, S. 2014. Estudos de incidência em alguns insetos-praga importantes do pepino (*Cucumis sativus* L.). *The Ecoscan,* **8**: 177180.
Gnanakumar, M., Rajmohana, K., Bijoy, C., Balan, D. e Nishi, R. (2012). Diversidade de parasitoides de ovos de himenópteros em ecossistemas de arroz orgânico e convencional. *Pesquisa Agrícola Tropical,* **23** (4): 300-308.
Gopalan, C., Rama, B. V. e Balasubramanian, S. C. (1989). *Nutritive value of Indian Food.* Instituto Nacional de Nutrição, Hyderabad: pp. 50.
Govindan, R. (1974). Insectos do feijão, *Lablab niger* var. *Lignosus Medikus* com especial referência à biologia e ecologia da broca da vagem, *Adisura atkinsoni* Moore (Lepidoptera: Noctudae). Tese de Mestrado (Agri.) UAS, Bangaluru.
Hammad E. M. A. e Nemer, N. M. (2000). Densidades populacionais, padrão espacial e desenvolvimento do minador de folhas de ervilha (Diptera: Agromyzidae) em pepino, pomar

suíço e feijão. *Journal of Agricultural Science,* **134** (1): 61-68.

Halder, J., Rai, A., Dey, D. e Singh, B. (2018). Abundância de parasitoides importantes no ecossistema vegetal e suas perspectivas no manejo integrado de pragas. *Jornal de Estudos de Entomologia e Zoologia,* **6** (4): 762-769.

Haseeb, M., Qamar, e Sharma, D. K. (2009). Incidência sazonal do escaravelho da brinjal hadda, *Henosepilanchna vigintioctopiunctata* (F) (Coleoptera: Coccinellidae). Em Aligarh, Uttar Pradesh. *Trends in Biosciences,* **2** (1): 31-32.

Hasyim, A., Muryati, D. e De Kogel, W. J. (2008). Flutuação populacional dos machos adultos da mosca da fruta, *Bactrocera tau* Walker (Diptera: Tephritidae) em pomares de maracujá em relação a factores abióticos e saneamento. *Indonesian Journal of Agricultural Science,* **9** (1), 29-33.

Hole, D. G., Perkins, A. J., Wilson, J. D., Alexander, I. H., Grice, P. V. e Evans, A. D. (2005). Does organic farming benefit biodiversity? *Biological Conservation,* **122**: 113-130.

Huque, R. (2006). Estudos comparativos sobre a suscetibilidade de vários vegetais a *B. tau* (Diptera: Tephritidae). *Pakistan Jounal of Biological Science,* **9**: 93-95.

Husain, A., Hasan, W. e Husain, H. J. (2020). Sobre alguns novos registos da invasora *Spoladea recurvalis* (Fabricius, 1775): o verme da teia da beterraba (lepidoptera: pyralidae) com descrição sistemática, distribuição, plantas hospedeiras e medidas de controlo. *Jornal de Zoologia Experimental da Índia,* **23** (1): 593-598.

Jackson, C. G., Vargas, R. I. e David Y. S. (2003). Populações de *Bactrocera cucurbitae* (Diptera: Tephritidae) e do seu parasitoide, *Psyttalia fletcheri* (Hymenoptera: Braconidae) em *Coccinia grandis* (Cucurbitaceae) ou cabaça de hera na ilha do Havai. *Pro. Hawaiian Entomol. Soci.,* **36**: 39-46.

Jadhav, D. S. (2013). Estudos morfométricos de coccinelídeos predadores (Coleoptera: coccinellidae) e biologia comparativa de *Coccinella transversalis*. Tese de Mestrado (Agri.), NAU, Navsari. 199 p.

Jadhav, J. A., Sreedevi, K. e Prasad, P. R. (2010). Diversidade e abundância de insectos polinizadores no ecossistema do girassol. *Current Biotica,* **5** (3): 344-350.

Jesu R., S., Sree Latha E, K., Sneha Madhuri, Vijayaraghavendra R e CH Sreenivasa Rao, (2019). Diversidade de coccinelídeos predadores em sistemas de cultivo de vegetais orgânicos: Conservação e produção em massa. *Jornal de Estudos de Entomologia e Zoologia,* **7** (1): 1148-1151.

Johri, R. A. e Johri, P. K. (2003). Biologia sazonal, abundância e intensidade de ataque do escaravelho vermelho da abóbora em culturas de cucurbitáceas em Kanpur, no Uttar Pradesh. *Jounal of Applied Zoological Reseaech,* **14** (2): 144- 147.

Jyani, D. B. (1999). Bioecologia do minador de folhas da serpentina, *Liriomyza trifolii* (Burgess) (Diptera:Agromyzidae) e gestão do minador de folhas e da broca do fruto no tomate, *Lycopersicon esculentus* Mill. Tese, Doutoramento, GAU, S. K. Nagar.

Kabir, S. M. H., Rahman, R. e Mollah, M. A. S. (1991). Plantas hospedeiras de moscas da fruta dacinas (Diptera : Tephritidae) do Bangladesh. *Bangladesh Journal of Entomology,* **1**: 69-75.

Kajita, K., Hirose, Y., Takagi, M., Okajima, S., Napompeth, B. e Buranapanipan, S. (1990). Plantas hospedeiras e abundância de *Thrips palmi* Karny (Thyasanoptera: Thripidae), uma importante praga de produtos hortícolas no *Sudeste Asiático Applied Entomology and Zoology,* **31** (1): 87-94.

Kannagil, A., Sivakumar, V., Santhi, V. e Borgia, J. F. (2013). Diversidade de himenópteros em uma floresta decídua do sul da Índia. *Revista Internacional de Conservação da Biodiversidade,* **5** (10): 666-670. (DOI:10.5897/IJBC2013.0544).

*Karim, M. A. (1993). Proteção de Vegetais (Insectos). Um relatório de consultoria. Projeto BARC/BARI e AVRDC, ARP II, USAID, 399-0051, BARI, Joydebpur, Gazipur. pp 104.

Kate, A. O., Bharodia, R. K., Joshi, M. D., Pardeshi, A. M. e Makadia, R. R. (2009). Incidência sazonal da mosca da fruta, *Bactocera cucurbitae* (Coquillet) no pepino. Ciência *Asiática,* **4** (2): 276-277.

Khan, M. M. H. (2014). Efeito de diferentes tácticas de gestão na incidência e movimento do escaravelho vermelho da abóbora, *Aulacophora foveicollis,* nas folhas da cabaça doce, *Cucurbita moschata. Journal of Biology Science,* **3** (2): 73-80.

Khan, M. M. H., Alam, M. Z., Rahman, M. M., Miah, M. I. H. e Hossain, M. M. (2012). Influência dos factores meteorológicos na incidência e distribuição do escaravelho da abóbora que infesta as cucurbitáceas. *Bangladesh Journal of Agricultural Research,* **37** (2): 361-367.

Khursheed, S., Desh Raj, Nisar A. e Ganie (2013). Dinâmica populacional do escaravelho vermelho da abóbora no pepino no meio das colinas dos Himalaias. *Jornal de Horticultura Aplicada,* **15** (2): 5-12.

Kim, K. C. (1993) Biodiversity, conservation and inventory: Why insects matter. *Revista Internacional de Conservação da Biodiversidade.* **2**: 191- 214.

Kumar, P. e Kumar, V. N. (2002). Situação das pragas de insectos nos produtos hortícolas de verão nas pistas montanhosas de Malnad. *Karnataka Jounal of Agrilcuture Science,* **15** (1): 156-157.

Kumar, R. (2014). Dinâmica populacional e manejo do besouro vermelho da abóbora (*Aulacophora foveicollis* Lucas) em pepino. Tese, M. Sc. Rajasthan College of Agriculture, MPUAT, Udaipur.

Kumar, R. e Saini, A. (2018). Dinâmica populacional do besouro vermelho da abóbora, *Aulacophora foveicollis* infestando pepino. *Jornal de Estudos de Entomologia e Zoologia,* **6** (6): 1023-1025.

*Laselle, J., e Gauld, I. D. (1992). Hymenoptera parasitas e a crise da biodiversidade. *Redia,* **74** (3): 315-334.

Laskar, N. e Chatterjee, H. (2010). O efeito de factores meteorológicos na dinâmica populacional da mosca do melão, *Bactrocera cucurbitae* (Coq.) (Diptera: Tephritidae) nas colinas do sopé dos Himalaias. *Journal of Applied Science and Environmental Management,* **14** (3): 53-58.

Lekshmi, V., Nisha, Sharma, R. K., Sinha, S. R. e Sharma, K. (2014). Sucessão de pragas e dinâmica populacional das principais pragas e inimigos naturais na cabaça amarga. *Indian Journal of Entomology,* **76** (4): 303-307.

Letourneau, D. K. e Bothwell, S. G. (2008). Comparação de explorações agrícolas orgânicas e convencionais: desafiando os ecologistas a tornar a biodiversidade funcional. *Frontiers in Ecology and Environment,* **6** (8): 430-438.

Mahmood, K. e Mishkatullah, A. (2007). Dinâmica populacional de três espécies de *Bactrocera* (Diptera: Tephritidae: Dacinae) em BARI, Chakwal (Punjab). *Pakistan Journal of Zoology,* **39** (2), 123-126.

Mandal, S. K., Alam, M., Sattar, A., Sah, S. B. e Gupta (2006). Influência dos parâmetros climáticos na incidência da mosca do melão, *Bactocera cucurbitae* (Coquillett), na cabaça amarga. Pest *Management and Economic Zoology,* **14**: 445-448.

Manhare, J. S. e Painkra G. P. (2020). Estudos sobre as diferentes espécies de insectos polinizadores/visitantes que visitam as flores de trigo mourisco. *Journal of Plant Development Sciences* Vol. **12** (2): 115-118.

Margalef, R. (1958). Teoria da informação em ecologia. General *Systematics,* **3**: 36-71.

Maria, N. Montanez e Angela Amarillo-Suarez. (2014). Impacto das culturas orgânicas na diversidade de insetos: Uma revisão da pesquisa recente *Revista Colombiana de Entoimologia,* **40** (2): 131-142.

Mitra, B., Banerjee, D., Mukherjee, M., Bhattacharya, K. e Parui, P. (2008). Pictorial Handbook on Flower Visiting Flies (Diptera: Insecta) of Kolkata and surroundings. Publicado pelo Diretor, *Zoological Survey of India,* Calcutá, 54 p. (ISBN: 978-81-8171-192-2).

Melan, K. (1994). Sunn pest species and their egg parasitoids in Thrace Turkiye III. *Biyologjik Mucadele Kongresi Bildirileeri,* Ege Universitesi, Ziraat Fakultesi, Bitki Koruma Bolumu, Izmir, pp 147-154.

Melendez Ramirez, V., Magana Rueda, S., Parra Tabia, V., Ayala, R. e Navarro, J. (2002). Diversidade de abelhas nativas visitantes de culturas de cucurbitáceas (cucurbitaceae) em Yucatan, México. *Journal of insect Conservation,* **6** (3): 135-147.

Murugan, K. (2006). Relatório sobre a Conferência Internacional de cinco dias sobre BioDiversidade de Insectos: Challenging Issues in Management and Conservation, realizada no Departamento de Zoologia da Universidade de Bharathiar, Coimbatore. *Ciência atual,* **91** (12): 1-25.

Nadaf, A. M. e Kulkarni, K. A. (2005). Incidência sazonal de brocas de frutos, *Helicoverpa armigera* (Hubner) e *Spodoptera litura* Fabricius na malagueta em Dharwad. *Karnataka Journal of Agriculture Science,* **19** (3): 549-552.

Nair, N., Thangjam, B., Bhattacharjee, T. e Debnath, M. (2017). Composição de espécies de moscas-das-frutas Dacine (Diptera: Tephritidae: Dacinae: Dacini) associadas a cucurbitáceas em Tripura, um estado do nordeste da Índia. *Journal of Entomology and Zoology Studies,* **5** (3): 330-335.

Ovawanda, E. A., Witjaksono, Y. e Andy, T. (2016). Biodiversidade de insetos no ecossistema de arroz orgânico e não orgânico no distrito de Bantul. *Journal Perlindungan Tanaman Indonesia,* **20** (1): 15-21.

Padhiyar D. H. e Patel S. R. (2021). Biologia floral e diversidade da fauna polinizadora em cabaça de garrafa no sul de Gujarat. *Jornal de Estudos de Entomologia e Zoologia* **9** (2): 435-438

Pallavi, T., Rane, A. E. e Burnge, P. S. (2002). Dinâmica populacional de pragas de áster (*Callistepus chinensis*) em torno de Nagpur (região de Maharashtra). *Journal of Soil and Crops,* **12** (2): 305-307.

Panizzi, A. R., e Grazia, J. (2015). Introdução aos insetos verdadeiros (Heteroptera) da região neotropical. Entomologia em Foco, pp 3-20.
(Doi: 10.1007/978-94-017-9861-71).

Patel, Denisha R. (2020). Sucessão das principais pragas e manejo do besouro vermelho da abóbora, *Aulacophora foveicollis* Lucas em pepino. Tese, M. Sc, AAU, Anand.

Patel, J. J. (2007). Dinâmica populacional e gestão ecológica do minador de folhas de serpentina, *Liriomyza trifolii* (Burgess) Diptera: Agromyzidae) em pepino, *Cucumis sativus* Linnaeus. Tese de doutoramento, AAU, Anand.

Patel, R. K. e Patel, C. B. (1996). Influência dos parâmetros climáticos na incidência da mosca da fruta, *Dacus ciliatus,* na cabaça pequena. *Indian Journal of Entomology,* **58** (3): 239-244.

Patil, A. H. e Jagdale, S. (2021). Diversidade de polinizadores de insetos noturnos e riqueza de espécies em cabaça Ridge, *Luffa acutangula*. *Jornal de Ciências Aplicadas e Naturais,* **13** (2): 463-469. (https://doi.org/10.31018/jans.v13i2.2625).

Patnaik, H. P., Sarangi, P. K. e Mahapatra, P. (2004). Estudos sobre a incidência de moscas da fruta e jassídeos na cabaça amarga de verão e seu controlo. *Orissa Journal of Horticulture*, **32** (2): 87-90.

Patra, S., Firake, D. M., Azad, N. S., Thakur e Roy, A. (2016). Complexo de pragas de insectos e perdas de culturas em ervilha de pombo na colina de média altitude de Meghalaya, *The Bioscan,* **11** (1): 297-300.

Pashte, V. V. e Shylesha A. N. (2013). Diversidade de polinizadores e sua abundância em sesamum. *Indian Journal of Entomology*, **75** (3): 260-262.

Pielou, E. C. (1969). *Mathematical Ecology*. Wiley, Nova Iorque. pp 374.

Radha, R., Susheela, P. e Subhashini, K. (2016). Estudos comparativos sobre a diversidade de borboletas e a riqueza de espécies em campos agrícolas seleccionados em Tamil Nadu. *Revista Internacional de Agricultura Ambiental e Biotecnologia,* **1** (4): 689-696.

Radhika, P. (2013). Influência do clima na incidência sazonal de pragas de insectos no amendoim na zona de chuvas escassas de Andhra Pradesh. *Advance Journal of Crop Improvement,* **4** (2): 123-126.

*Rai, A.B., Halder, J., e Kodandaram, M.H. (2014). Problemas emergentes de pragas de insectos em culturas hortícolas e sua gestão na Índia: An appraisal. *Manejo de Pragas em Ecossistemas Hortícolas,* **20** (2): 113-122.

Rajak, D. C. (2000). Estudos sobre a flutuação populacional do escaravelho vermelho da abóbora no melão (*Cucumis melo* L.). *Journal of Agricultural Science Digest,* **20** (1): 54-55.

Rashid, M. A. e Singh, D. P. (2000). A Manual on Vegetable Seed Production in Bangladesh (Manual sobre a produção de sementes de produtos hortícolas no Bangladesh). Projeto AVRDC-USAID-Bangladesh, Centro de Investigação em Horticultura, Instituto de Investigação Agrícola do Bangladesh, Joydebpur, Gazipur. pp 119.

Rathod, S. T. e Borad, P. K. (2010). Dinâmica populacional do escaravelho vermelho da abóbora, *Aulacophora foveicollis* (Lucas) na abóbora. *Current Biotica,* **3** (4): 565- 569.

Rathod, S. T. e Borad, P. K., (2012). Suscetibilidade de cultivares/genótipos de abóbora ao escaravelho vermelho da abóbora, *Aulacophora foveicollis* (Lucas) (Coleoptera: Chrysomelidae). *Journal of Current Biotica*, **4** (4): 475-477.

Rebecca, H. N. K., Mary, W. G. e Grace, N. N. (2011). Comparação de abelhas polinizadoras de café em fazendas orgânicas e convencionais. *Asian Journal of Agricultural Sciences,* **3** (6): 469-474

Reddy, A. N. e Kumar, A. C. T. (2004). Estudos sobre a incidência sazonal de pragas de insectos do tomate em Karnataka. Pest *Management Horticulture Ecosystem*, 2: 113121.

Rolania, K., e Khokhar, S. 2021. Dinâmica populacional de pulgões e predadores coexistentes no agroecossistema de cucurbitáceas. *Journal of Agrometeorology,* **23** (2): 200206.

Roy, D. C. e Pande, Y. D. (1991). Incidência sazonal, preferência por hospedeiros e taxa de alimentação do escaravelho vermelho da abóbora, *Raphidopalpa foveicollis* (Lucas) em Tripura. *Indian Journal of Agricultural Science,* **61** (8): 603-607.

Saha, T., Chandran, N., Kumar, S. e Kumari, K. (2018) Efeito dos parâmetros meteorológicos na incidência de pragas de insectos do pepino no leste de Bihar: Um artigo. *Jornal de Agrometeorologia,* **20** (1):57-61.

Saljoqi, A. U. R. e Khan, S. (2007). Abundância relativa do escaravelho vermelho da abóbora,

Aulacophora foveicollis Lucas, em diferentes legumes cucurbitáceos. *Sarhad Journal of Agriculture*, **23** (1): 26-30.

Sarkar, S. e Margules, C. (2002). Operacionalização da biodiversidade para o planeamento da conservação. *Journal of biosciences,* **27** (4): 299-308.

Satti, A. A., Basher, H., Nasr, O. E., Imam, E. e Khidir, E. (1998). Deteção e monitorização da sazonalidade de predadores associados ao complexo de insectos pragas de *Cucumis melo* L. (melão) na zona de Shambat. *Journal of Agricultural Science,* **6** (2): 49-60.

Shannon, C. E. e Wiener, W. (1963). The mathematical theory of communication, University Illinois Press, Irbana, p. 36.

Sharma, P. K., Kumar, U., Vyas, S., Sharma, S. e Shrivashtava, S. (2012). Monitorização de *Helicoverpa armigera* (Hubner) (Lepidoptera: Noctuidae) através de armadilhas com feromonas na cultura do grão-de-bico (*Cicer Arientinum*) e influência de alguns factores abióticos na população de insectos. *Journal of Environmental Science, Toxicology and Food Technology*, **1** (5): 44-46.

Sheikh Aafreen Rehman, Ishtiyaq Ahad, Parveena Bano, Ritesh Kumar, Umer Bin Farook e Uzma Arifie (2019). Diversidade e abundância de fungos em diferentes culturas hortícolas na Caxemira do Norte. *Jornal de Estudos de Entomologia e Zoologia,* **7** (3): 667-676.

Singh, D.K., e Chauhan, U. (2014). Diversidade da fauna de ácaros (Acari) associada a vegetais e plantas ornamentais em condições de Midhill de Himachal Pradesh, *Índia. Jornal de Controlo Biológico,* **28**: 75-80.

Singh, D. K, Ram, H. H. e Upadhyay, M. (2007). Breeding potential of indigenous germplasm of cucurbits (Potencial de reprodução do germoplasma indígena de cucurbitáceas). *Ata Horticulturae*, **752** (33): 209-212.

Singh, H. S. e Naik, G. (2006). Dinâmica sazonal e gestão da lagarta da abóbora, *Diphania indica* Saunders, e da mosca da fruta, *Bactrocera cucurbitae* Coquillett, na cabaça amarga. *Ciência dos vegetais,* **33** (2): 203-205.

Singh K e Singh R. (2015). Efeito da temperatura nos traços da história de vida de *Aphis gossypii* G. (Homoptera: Aphididae) em cabaça de garrafa, *Laginaria siceria* (Molina) Standl. (Cucurbitaceae). *Internatonal Journal of Life Sciences Biotechnology and Pharma Research* **4** (4): 497-498.

Singh, M. B., Singh, V., Dubey, V. K. e Sharma, D. (2017). Estudos sobre a sucessão de pragas de insetos e inimigos naturais da cabaça de cinzas em Chhattisgarh. *Bulletein of Environment Pharmacology and Life Science*, **6** (3): 213-216.

Shinde, P. B., Naik, K. V., Jalgaonkar, V. N., Shinde, B. D. & Golvankar, G. M. (2018). Efeito dos parâmetros climáticos na população de besouro vermelho da abóbora e besouro da pulga infestando pepino. *Tendências em Biociências,* **11** (33): 3741- 3743.

Shivalingaswamy, T. M., Akhilesh Kumar, Satpathy, S., Bhardwaj, D. R. e Rai, A. *B.* (2008). Suscetibilidade relativa das cultivares de cabaça de garrafa ao escaravelho vermelho da abóbora, *Aulacophora foveicollis (*Lucas). *Ciência dos vegetais* **35** (1): 97

Sivaraj, N. e Pandravada, S. R. (2005). Diversidade morfológica para caracteres de frutos em germoplasma de cabaça de garrafa de bolsas tribais da região de telangana de Andhra Pradesh, Índia. *Asian Agricultural History,* **9**: 305-310.

Southwood, T. R. E. (1978). A text book on ecological methods with particular reference to the study of insect populations. 2nd edition, Chapman and Hall, London 524 pp.

Srilaxmi, K. e Paul, R. (2010). Diversidade de insectos pragas da ervilha-de-angola (*Cajanus cajan* L. Mill Sp.) e sua sucessão em relação à fenologia da cultura em Gulbarga, Karnataka.

The Ecoscan, **4** (4): 273-276.

Srinivasan, K., Viraktamath, C. A., Gupta, M. e Tewari, G. C. (1995). Distribuição geográfica, gama de hospedeiros e parasitóides do minador de folhas de serpentina, *Liriomyza trifolii* (Burgess) no sul da Índia. Pest *Management in Horticulture Ecosystem,* **1** (2): 93-100.

Stephens, J. M. (2018). Cabaça, garrafa - *Lagenaria siceraria* (Mol.) Standl. UF/IFAS Extension, Universidade da Flórida.

Sunil, I. (2015). Complexo de pragas da cabaça amarga (*Momordica charantia* L.) com especial referência à gestão da mosca da fruta do melão, *Bactrocera cucurbitae* (Coquillett) (Diptera: Tephritidae). Tese de Mestrado (Agri.), UAS, Bangaluru.

Sunil, Thippaiah M, Jagadish K. S. e Chakaravarthy A. K. (2017) Incidência sazonal de pragas sugadoras e sua associação com besouros coccinelídeos pré-adulterados na cabaça amarga. *Entomon* **42** (4): 329-334.

Tamilnayagan T., Suganthy M., Ganapathy N., Renukadevi P. e Malathi V. G. (2017). Incidência sazonal de pragas sugadoras de cabaça de cinzas (*Benincasa hispida*) em Tamil Nadu. *Jornal de Estudos de Entomologia e Zoologia* **5** (3): 430-433.

Thapa, R. B. (2006). Honey bees and other insects pollinators of cultivated plants: *A Review Journal of Asian earth Science,* **27**: 1-23.

Thippeswamy, C. (1990). Estudos sobre os insectos heterópteros que infestam o feijão (*Lablab purpureus* var. *ligneous* Medikus) com especial referência à biologia, estimativa de perdas e controlo químico de *Coptosoma cribraria* (Fabricius) (Hemiptera: Platispididae). Tese, M. Sc. (Agri.) UAS, Bangaluru.

Vandermeer, J. e Perfecto, I. (1995). Breakfast of biodiversity: the truth about rainforest destruction (Pequeno-almoço da biodiversidade: a verdade sobre a destruição da floresta tropical). Food First Books, Oakland, pp.185.

Vignesh, R. (2015). Dinâmica populacional e gestão da mosca da fruta do melão, *Bactrocera cucurbitae* (coquillett) através de técnicas ecológicas em pepino. Tese, M.Sc. (Agri.), Dharwad.

Upadhyay, V. R., Vyas, H. N. e Sherasiya, R. A. (1989). Influência dos parâmetros climáticos na população de larvas de *Heliothis armigera* Hubner no amendoim. *Indian Journal of Plant Protection,* **17** (1): 85-87.

Whittaker, R. H. (1972). Evolução e medição da diversidade de espécies. *Taxon* **21**: 213-251.

Wilsey, B. J. e Polley, H. W. (2002). Reduções na uniformidade das espécies de pastagens aumentam a invasão de plântulas de dicotiledóneas e a infestação de cochonilhas. *Ecology Letters,* **5** (5): 676-684.

Wittebolle, L., Marzorati, M., Clement, L., Balloi, A., Daffonchio, D., Heylen, K. e Boon, N. (2009). A uniformidade inicial da comunidade favorece a funcionalidade sob stress seletivo. Nature, **458** (7238): 623-626.

Wynter-Blyth, M. A. (1957). Butterflies of the Indian Region, Bombaim
Sociedade de História Natural, Bombaim. 523 p.

Yadav, G., Mahla, M. K., Chhangani, G., Ahir, K. C. e Dangi, N. L. (2017). Incidência sazonal e gestão ecológica do besouro de abóbora vermelha da cabaça de garrafa. *Jornal Indiano de Entomologia Aplicada,* **31** (2): 98-103.

Yaherwandi e Hidrayani (2014). Diversidade de parasitoides himenópteros associados a agroecossistemas orgânicos e convencionais em West Sumatera, Indonésia. *Jornal Internacional de Ciência Avançada Engenharia Tecnologia da Informação,* **4**(3).

Zhao, Jun-He Liu, Da-Han He1c, Xiao-qin Guan e Wen-Hui Liu1e (2013). Composição de espécies e diversidade de parasitoides e hiperparasitoides em diferentes sistemas agro-agrícolas de trigo. *Jornal de Ciência dos Insectos*, **13**: 162.

Zinzuvadiya, H. D. (2020). Biodiversidade de insetos polinizadores em culturas economicamente importantes do sul de Gujarat. Tese, Ph.D. NAU, Navsari. 216 p.

Zinzuvadiya, H. D. e Ghetiya, L. V. (2020a). Catálogo fotográfico de polinizadores de dípteros e lepidópteros na área de paisagem agrícola do sul de Gujarat. *Jornal de Entomologia e Estudo Zoológico*, **8**(5): 136-142.

Zinzuvadiya, H. D., Ghetiya, L. V., Chaudhari, S. D. e Kalariya, G. B. (2020). Catálogo fotográfico de polinizadores de himenópteros na área de paisagem agrícola do sul de Gujarat. *Jornal de Entomologia e Estudo Zoológico*, **8**(5): 13301346.

ZSI (1991). Animal Resources of India: Protozoa to Mammalia State of the Art, Calcutá, pp 694.

APÊNDICES

Apêndice I: Dados meteorológicos para o período de março a maio de 2020 em Navsari

Mês	SMW	Temperatura		Humidade relativa		WS (km/h)	BSSH (hr/dia)	RF (mm)	Dias de chuva (dias)
		T_{max} (°C)	Tmin(⁰C)	RHi(%)	RH_2 (%)				
março	9	34.0	16.2	79.1	41.8	0.7	9.6	0.0	0.0
	10	30.7	17.0	91.0	51.4	3.1	8.4	0.0	0.0
	11	31.6	16.1	85.4	43.2	4.0	8.8	0.0	0.0
	12	34.9	19.5	88.9	52.2	2.6	8.9	0.0	0.0
	13	36.7	20.5	89.8	46.6	2.7	7.8	0.0	0.0
abril	14	36.5	20.9	95.6	53.8	2.6	9.2	0.0	0.0
	15	36.7	22.3	91.9	50.9	3.4	9.3	0.0	0.0
	16	38.0	24.1	89.7	53.7	3.0	9.5	0.0	0.0
	17	36.2	24.9	87.7	57.5	4.3	10.6	0.0	0.0
maio	18	37.5	26.0	86.4	60.0	4.3	10.7	0.0	0.0
	19	35.9	26.3	85.7	63.2	3.9	10.6	0.0	0.0
	20	36.7	26.2	82.7	59.4	3.6	9.5	0.0	0.0
	21	36.3	26.9	85.2	56.7	6.3	10.6	0.0	0.0

Apêndice II: Dados meteorológicos relativos ao período de março a maio de 2021 em Navsari

Mês	SMW	Temperatura		Humidade relativa		WS (km/h)	BSSH (hr/dia)	RF (mm)	Dias de chuva (dias)
		Tmax(°C)	Tmin(⁰C)	RHi (%)	RH_2 (%)				
março	9	36.4	14.1	89.1	31.9	2.7	9.7	0.0	0.0
	10	37.0	15.8	87.6	43.8	2.6	8.6	0.0	0.0
	11	36.4	16.4	81.9	34.8	2.6	7.9	0.0	0.0
	12	36.9	19.9	83.3	37.4	2.9	8.1	0.0	0.0
	13	38.1	17.4	79.3	38.5	4.0	8.8	0.0	0.0
abril	14	34.7	20.5	94.6	59.2	4.2	8.9	0.0	0.0
	15	36.4	21.2	89.7	54.8	3.3	8.2	0.0	0.0
	16	36.7	22.4	91.3	57.5	4.0	9.1	0.0	0.0
	17	37.1	22.8	85.6	54.4	4.0	8.8	0.0	0.0
maio	18	37.8	24.0	85.7	50.4	3.5	8.3	0.0	0.0
	19	36.1	25.0	83.2	59.5	5.4	10.4	0.0	0.0
	20	34.1	23.9	87.8	67.5	7.2	2.9	144.0	2.0
	21	33.7	24.9	89.8	70.5	5.8	10.1	0.0	0.0

MIX
Papier aus verantwortungsvollen Quellen
Paper from responsible sources
FSC® C105338

Printed by Books on Demand GmbH, Norderstedt / Germany